主编　　中国建设监理协会

中国建设监理与咨询

32

2020 / 1

总第 32 期

CHINA CONSTRUCTION
MANAGEMENT and CONSULTING

U0162958

中国建筑工业出版社

图书在版编目（CIP）数据

中国建设监理与咨询. 32 / 中国建设监理协会主编. —北京：中国建筑工业出版社，2020.5
ISBN 978-7-112-25028-8

Ⅰ.①中…　Ⅱ.①中…　Ⅲ.①建筑工程—监理工作—研究—中国　Ⅳ.①TU712.2

中国版本图书馆CIP数据核字（2020）第063632号

责任编辑：费海玲　王晓迪
责任校对：赵　菲

中国建设监理与咨询　32

主编　中国建设监理协会

*

中国建筑工业出版社出版、发行（北京海淀三里河路9号）
各地新华书店、建筑书店经销
北京雅盈中佳图文设计公司制版
天津图文方嘉印刷有限公司印刷

*

开本：880×1230毫米　1/16　印张：$7\frac{1}{2}$　字数：300千字
2020年5月第一版　2020年5月第一次印刷
定价：**35.00**元
ISBN 978-7-112-25028-8
（35806）

编委会

主任：王早生

执行副主任：王学军

副主任：修　璐　王莉慧　温　健　刘伊生
　　　　　李明安　唐桂莲　吴　江　王　月

委员（按姓氏笔画排序）：

马　明　王　月　王　莉　王　斌　王庆国
王怀栋　王晓觅　王章虎　方永亮　方向辉
邓　涛　邓念元　卢一凡　叶华阳　叶锦锋
申长均　田　毅　田哲远　冉　鹏　朱泽州
朱保山　任文正　华勤春　刘　涛　刘基建
汤　斌　孙　璐　孙晓博　孙惠民　杜鹏宇
李　伟　李　兵　李建军　李富江　邓　强
杨　丽　杨卫东　杨黎佳　肖　波　肖学红
吴　江　吴　涛　吴　浩　辛　颖　汪　洋
汪成庆　张存钦　张国明　张铁明　张葆华
陈　磊　范中东　周红波　赵秋华　胡明健
饶　舜　姜建伟　姜艳秋　洪　源　费海玲
袁文宏　贾铁军　晏海军　郭公义　黄劲松
龚花强　龚黎明　梁士毅　屠名瑚　彭国良
程辉汉　鲁　静　詹圣泽　谭　敏　穆彩霞

执行委员：王　月　孙　璐　刘基建

编辑部

地址：北京海淀区西四环北路 158 号
　　　慧科大厦东区 10B

邮编：100142

电话：（010）68346832

传真：（010）68346832

E-mail：zgjsjlxh@163.com

32
2020 / 1

CHINA CONSTRUCTION
MANAGEMENT and CONSULTING

中国建设监理与咨询

目录 CONTENTS

■ 行业动态

中国建设监理协会会长王早生一行到广东调研　6

中国建设监理协会"监理工器具配置标准"课题验收会顺利召开　6

党建引领出成效，深圳监理协会连获殊荣　6

第六届常务理事会第一次会议暨福建省工程监理行业创新发展座谈会在榕召开　7

贵州省建设监理协会召开四届八次常务理事会　7

■ 政策法规消息

2020 年 1 月 1 日至 3 月 11 日公布的工程建设标准　8

2020 年 1 月开始实施的工程建设标准　8

2020 年 2—3 月开始实施的工程建设标准　9

住房和城乡建设部关于修改《工程造价咨询企业管理办法》《注册造价工程师管理办法》的决定　10

■ 本期焦点：中国建设监理协会六届四次常务理事会暨六届三次理事会在广州顺利召开

关于印发中国建设监理协会 2019 年工作情况和 2020 年工作安排的报告与王学军副会长兼秘书长在协会六届四次常务理事会暨三次理事会上总结发言的通知　12

关于开展"推进诚信建设、维护市场秩序、提升服务质量"活动的通知　19

关于印发《建设工程监理团体标准编制导则（试行）》的通知　20

关于开展单位会员信用评估的通知　21

关于印发《中国建设监理协会会员自律公约》等三份文件的通知　22

■ 专家讲堂

装配式建筑的应用发展与监理工作初探 / 陈文　23

■ 监理论坛

H 型构件水泥土搅拌墙质量控制与改进措施 / 田小明　30

超长超大铸钢件在超高层结构中的应用 / 符韶春　34

关于地铁项目土建工程监理工作的探讨　38

框架梁水平加腋构造监理控制要点 / 刘钦　42

建筑幕墙施工监理技术总结 / 曹东志　44

施工监理过程中 BIM 技术的应用 / 宋海马　47

燕山隧道施工工法创新的应用 / 郑福良　49

浅谈真空绝热板施工工艺及质量控制 / 张秋胜　52

智能灌浆系统在乌东德水电站灌浆工程中的应用 / 陈邦辅　55

郑州大剧院混凝土主体施工监理质量控制 / 高领宽　60

■ 项目管理与咨询

论监理企业在全过程工程咨询项目中的持续发展 / 杨海平　64

工程总承包（EPC）＋全过程咨询模式的应用探索 / 高健　66

浅谈全过程咨询模式设计管理的内容及措施　70

水电工程建设管理体制与适用监理企业市场条件 / 陈玉奇　74

中小型监理企业转型全过程工程咨询过程中的困难与实践　78

■ 企业文化与人才培养

监理队伍建设与人才培养 / 周建伟　81

■ 创新与研究

浅谈尼泊尔水电工程项目管理 / 曹刘光　84

孪生浪潮下的监理数字化转型探索　87

研究人防机电预埋穿墙管相关技术标准和图集，明确监理咨询要点 / 张莹　张新伟　91

■ 百家争鸣

监理企业未来发展之思考 / 钱池进　97

全过程工程咨询理论应用与服务实践研究 / 王小龙　101

中国建设监理协会会长王早生一行到广东调研

2020 年 1 月 14 日，中国建设监理协会会长王早生、副会长兼秘书长王学军一行 5 人在广东省建设监理协会会长孙成、秘书长邓强的陪同下赴广州轨道交通建设监理有限公司调研。公司党委副书记、纪委书记黄凤雷，副总经理王洪东、谢小兵等人出席会议，并对王早生会长一行到访表示热烈欢迎。

会上，副总经理王洪东对公司发展情况及推动监理行业"转型升级"成果等内容进行了详细介绍。会议期间，双方就监理行业改革发展、转型升级、科研创新等多个方面进行了深入交流和探讨。

最后，王早生会长对广州轨道交通监理公司的工作和取得的成绩表示充分的肯定，指出该公司在响应行业"转型升级"方面发挥的重要作用，并强调监理行业的生存发展需要骨干企业的责任担当和共同推动，该公司作为专业性较强的监理公司尤其要发挥模范标杆作用。同时，也希望广州轨道交通监理公司能继续努力将专业做强做精，为行业标准化建设作出贡献，深度挖掘行业数字化建设，引领监理行业高质量发展。

中国建设监理协会"监理工器具配置标准"课题验收会顺利召开

2019 年 10 月 28 日，中国建设监理协会"监理工器具配置标准"（以下简称"标准"）课题验收会顺利召开，课题组及验收组 16 位专家参加会议。会议由课题验收组组长、中国建设监理协会专家委员会副主任杨卫东主持，课题组组长中国建设监理协会副会长、重庆市建设监理协会会长雷开贵参加会议。

重庆市建筑科学研究院陈山冰代表课题组汇报了"标准"的调研、编制过程和相关内容。与会领导和专家认真审阅了课题相关资料，逐个对研究报告和成果提出了修改建议和评审意见，认为课题组做了大量的调研和数据分析工作，该研究成果较好地完成了课题任务，填补了建设监理工作标准的空白，具有一定的先进性和可操作性。经验收专家集体审议，一致同意课题通过验收。

党建引领出成效，深圳监理协会连获殊荣

2020 年 1 月 15 日下午，深圳市民政局、社会组织管理局、社会组织总会在深圳湾体育馆举行第四届深圳社会组织年度盛典暨中国公益领袖鹏城对话活动。深圳市监理工程师协会再次蝉联深圳市"社会组织风云榜"，荣获"2019 年深圳市社会组织年度创新案例奖"，同时被授予"深圳市 5A 级社会组织"。

2020 年 1 月 17 日下午，深圳市住建局召开全市住房建设系统 2020 年工作部署会，全面总结全市住建系统 2019 年工作，部署推进 2020 年各项工作，表彰先进集体和个人，深圳市监理工程师协会荣获"深圳市住房和建设系统 2019 年度先进协会"。

接踵而至的殊荣，既是深圳市住建局、社会组织管理局、社会组织总会对深圳市监理工程师协会过去一年工作的肯定，更是对全市监理企业及从业人员的鞭策和鼓舞。在新的一年里，深圳市监理工程师协会定将深入学习贯彻党的十九届四中全会精神，在上级党委和政府各相关主管部门的领导下，带领广大企业和从业人员，认真落实全市住房建设系统 2020 年工作部署会布置的各项工作，提升协会服务品质，拓展协会服务模式，更好地服务政府、服务会员，与市质安监督总站及市市政质安监督总站联袂推进"党建廉建共建，质量安全共管"试点及推广工作，在建设中国特色社会主义先行示范区、粤港澳大湾区的新征程上作出更大的贡献。

（深圳市监理工程师协会 供稿）

第六届常务理事会第一次会议暨福建省工程监理行业创新发展座谈会在榕召开

2019年12月31日上午，福建省工程监理与项目管理协会第六届常务理事会第一次会议暨福建省工程监理行业创新发展座谈会在福州召开。高质量推动福建省工程监理创新发展是与会人员探讨的焦点。福建省住房和城乡建设厅总工程师陈义雄、工管处副处长韩小刚、工管处科长郭昌溥出席会议，协会全体常务理事、监事会成员参加会议。会长林俊敏主持会议。

参会代表就工程监理行业营商环境、监理招投标、监理信用评价、项目监理机构备案与撤案、监理业绩补录、全过程工程咨询、智慧监理与信息化建设、安全质量监督的政府购买服务等诸多问题提出了意见和建议。

韩小刚指出，一要加大监理参与全过程工程咨询的扶持力度，可尝试通过政府购买服务方式让监理参与政府质量安全监管，但监理行业自身需提升服务水平和监理能力；二要积极发挥协会的政府"参谋"助手作用，在行业协会脱钩、政府"放、管、服"的大背景下，未来行业协会的重要性将得到提升，行业将会由政府管理转向行业自律，很多工作将落到协会上。

陈义雄总工程师对协会组织行业创新发展座谈会表示肯定并提出三点希望。

会议还研究表决通过"福建乾盛工程咨询有限公司等8家监理企业加入福建省工程监理与项目管理协会单位会员的报告""深圳市建星项目管理顾问有限公司福建分公司等会员单位不符合章程规定予以退会的报告""福建省工程监理与项目管理协会财务管理制度""福建省建设工程监理人员岗位培训与信用信息管理办法""福建省工程监理与项目管理协会会员单位信用等级评价管理办法"，以及自律委员会成员、咨询委员会成员、行业专家库成员、通讯委员会成员等议题。

（福建省工程监理与项目管理协会　供稿）

贵州省建设监理协会召开四届八次常务理事会

2019年12月25日下午，贵州省建设监理协会四届八次常务理事会在贵州饭店遵义厅召开。29位常务理事、3位监事会监事及5位常务理事代表出席了会议。协会行业自律委员会、专家委员会、全过程工程咨询委员会筹备组及黔西南州工作部的代表列席了会议。贵州省住建厅建筑业管理处处长周平忠出席会议并作了重要讲话指导。杨国华会长主持会议。

周平忠处长肯定了贵州省建设监理协会的工作。他希望工程监理企业要关注改革的方向，特别是推行全过程工程咨询和总承包，推进钢结构装配式住宅建筑试点，要围绕投资方向拓展市场。工程监理行业监理企业要坚定不移地走全过程工程咨询的转型升级道路，提高服务理念和服务水平，抱团取暖，面对问题改革创新。

会议原则同意杨国华会长和汤斌秘书长对2019年工作的总体评价和对2020年工作要点的设想，形成协会"2019年工作总结"和"2020年工作要点（审议稿）"，提交四届五次理事会审议。

会议同意由古建林、张雷雄、付涛、张勤、郑国旗组成协会换届工作领导小组，同意组成协会换届工作委员会，负责协会第五届理事候选人提名及换届筹备工作。理事代表和会员代表将在充分协商的基础上确定人选。

会议同意贵州百胜工程建设咨询有限公司及另外两家企业变更常务理事和理事人选的备案申请。同意接收贵州鑫力塬建设项目管理有限公司在内的43家工程监理企业为贵州省建设监理协会会员单位。

（贵州省建设监理协会高汝阳　供稿）

2020年1月1日至3月11日公布的工程建设标准

序号	标准编号	标准名称	发布日期	实施日期
国标				
1	GB 51261-2019	天然气液化工厂设计标准	2019/6/19	2019/12/1
2	GB/T 50445-2019	村庄整治技术标准	2019/8/27	2020/1/1
3	GB 50166-2019	火灾自动报警系统施工及验收标准	2019/11/22	2020/3/1
4	GB/T 50561-2019	建材工业设备安装工程施工及验收标准	2019/11/22	2020/4/1
5	GB 51401-2019	电子工业废气处理工程设计标准	2019/11/22	2020/4/1
6	GB/T 51398-2019	光传送网（OTN）工程技术标准	2019/11/22	2020/3/1
7	GB/T 50377-2019	矿山机电设备工程安装及验收标准	2019/11/22	2020/3/1
8	GB/T 50402-2019	烧结机械设备工程安装验收标准	2019/11/22	2020/3/1
9	GB 50790-2013	±800kV直流架空输电线路设计规范	2019/11/29	2020/3/1
10	GB/T 50483-2019	化工建设项目环境保护工程设计标准	2019/11/22	2020/3/1
11	GB/T 50185-2019	工业设备及管道绝热工程施工质量验收标准	2019/11/22	2020/3/1
行标				
1	JGJ/T 140-2019	预应力混凝土结构抗震设计标准	2019/6/18	2020/2/1
2	JGJ/T 441-2019	建筑楼盖振动舒适度技术标准	2019/7/30	2020/1/1
3	JGJ/T 456-2019	雷达法检测混凝土结构技术标准	2019/11/15	2020/3/1
4	CJJ/T 302-2019	城市园林绿化监督管理信息系统工程技术标准	2019/11/29	2020/3/1
5	JGJ/T 470-2019	建筑防护栏杆技术标准	2019/11/29	2020/6/1
6	CJJ/T 298-2019	地铁快线设计标准	2019/11/29	2020/3/1
7	JGJ/T 112-2019	民用建筑修缮工程施工标准	2019/11/29	2020/3/1

2020年1月开始实施的工程建设标准

序号	标准编号	标准名称	发布时间	实施时间
国标				
1	GB/T 50481-2019	棉纺织工厂设计标准	2019/9/25	2020/1/1
2	GB/T 51397-2019	柔性直流输电成套设计标准	2019/9/25	2020/1/1
3	GB/T 50493-2019	石油化工可燃气体和有毒气体检测报警设计标准	2019/9/25	2020/1/1
4	GB/T 51390-2019	核电厂混凝土结构技术标准	2019/9/25	2020/1/1
5	GB 50373-2019	通信管道与通道工程设计标准	2019/9/25	2020/1/1
6	GB/T 50445-2019	村庄整治技术标准	2019/8/27	2020/1/1
行标				
1	JGJ 91-2019	科研建筑设计标准	2019/7/30	2020/1/1
2	JGJ/T 12-2019	轻骨料混凝土应用技术标准	2019/7/30	2020/1/1
3	JGJ/T 128-2019	建筑施工门式钢管脚手架安全技术标准	2019/7/30	2020/1/1
4	JGJ/T 441-2019	建筑楼盖振动舒适度技术标准	2019/7/30	2020/1/1

2020年2—3月开始实施的工程建设标准

序号	标准编号	标准名称	发布日期	实施日期
国标				
1	GB 50015-2019	建筑给水排水设计标准	2019/6/19	2020/3/1
2	GB/T 50402-2019	烧结机械设备工程安装验收标准	2019/11/22	2020/3/1
3	GB/T 50377-2019	矿山机电设备工程安装及验收标准	2019/11/22	2020/3/1
4	GB/T 51398-2019	光传送网（OTN）工程技术标准	2019/11/22	2020/3/1
5	GB 50166-2019	火灾自动报警系统施工及验收标准	2019/11/22	2020/3/1
6	GB/T 50185-2019	工业设备及管道绝热工程施工质量验收标准	2019/11/22	2020/3/1
7	GB/T 50483-2019	化工建设项目环境保护工程设计标准	2019/11/22	2020/3/1
8	GB 50790-2013（局部修订）	±800kV直流架空输电线路设计规范	2019/11/29	2020/3/1
行标				
1	JGJ/T 112-2019	民用建筑修缮工程施工标准	2019/11/29	2020/3/1
2	CJJ/T 298-2019	地铁快线设计标准	2019/11/29	2020/3/1
3	CJJ/T 302-2019	城市园林绿化监督管理信息系统工程技术标准	2019/11/29	2020/3/1
4	JGJ/T 456-2019	雷达法检测混凝土结构技术标准	2019/11/15	2020/3/1
5	JGJ/T 468-2019	再生混合混凝土组合结构技术标准	2019/6/18	2020/2/1
6	JGJ/T 152-2019	混凝土中钢筋检测技术标准	2019/6/18	2020/2/1
7	JGJ/T 471-2019	钢管约束混凝土结构技术标准	2019/6/18	2020/2/1
8	JGJ/T 140-2019	预应力混凝土结构抗震设计标准	2019/6/18	2020/2/1

住房和城乡建设部关于修改《工程造价咨询企业管理办法》《注册造价工程师管理办法》的决定

中华人民共和国住房和城乡建设部令第50号

《住房和城乡建设部关于修改〈工程造价咨询企业管理办法〉〈注册造价工程师管理办法〉的决定》已经 2019 年 12 月 5 日第 14 次部常务会议审议通过,现予公布,自公布之日起施行。

住房和城乡建设部部长　王蒙徽

2020 年 2 月 19 日

住房和城乡建设部关于修改《工程造价咨询企业管理办法》《注册造价工程师管理办法》的决定

为贯彻落实国务院深化"放、管、服"改革、优化营商环境的要求,住房和城乡建设部决定:

一、删去《工程造价咨询企业管理办法》(建设部令第 149 号,根据住房城乡建设部令第 24 号、住房城乡建设部令第 32 号修正)第九条第二项。

第九条第三项改为第二项,其中的"造价工程师"修改为"一级造价工程师"。

第九条第四项改为第三项,修改为:"专职从事工程造价专业工作的人员(以下简称专职专业人员)不少于 12 人,其中,具有工程(或工程经济类)中级以上专业技术职称或者取得二级造价工程师注册证书的人员合计不少于 10 人;取得一级造价工程师注册证书的人员不少于 6 人,其他人员具有从事工程造价专业工作的经历。"

(以下略)

工程造价咨询企业管理办法

(2006 年 3 月 22 日建设部令第 149 号发布,根据 2015 年 5 月 4 日住房和城乡建设部令第 24 号,2016 年 9 月 13 日住房和城乡建设部令第 32 号,2020 年 2 月 19 日住房和城乡建设部令第 50 号修正)

第一章　总则

第一条　为了加强对工程造价咨询企业的管理,提高工程造价咨询工作质量,维护建设市场秩序和社会公共利益,根据《中华人民共和国行政许可法》《国务院对确需保留的行政审批项目设定行政许可的决定》,制定本办法。

(以下略)

注册造价工程师管理办法

(2006 年 12 月 25 日建设部令第 150 号发布,根据 2016 年 9 月 13 日住房和城乡建设部令第 32 号,2020 年 2 月 19 日住房和城乡建设部令第 50 号修正)

第一章　总则

第一条　为了加强对注册造价工程师的管理,规范注册造价工程师执业行为,维护社会公共利益,制定本办法。

第二条　中华人民共和国境内注册造价工程师的注册、执业、继续教育和监督管理,适用本办法。

(以下略)

(来源　住房和城乡建设部网)

中国建设监理协会六届四次常务理事会暨六届三次理事会在广州顺利召开

　　2020年1月14日，中国建设监理协会在广州召开六届四次常务理事会暨六届三次理事会。住房和城乡建设部建筑市场监管司副司长卫明、广东省住房和城乡建设厅处长罗锦荣到会并致辞，会长王早生，副会长兼秘书长王学军，副会长孙成、李伟、李明华、李明安、陈东平、陈贵、夏冰、雷开贵，副秘书长温健到会，中国建设监理协会常务理事、理事等240余人参加了会议。会议由副会长兼秘书长王学军主持。

　　卫明副司长分析了国内外建筑业的现状，强调了监理在工程建设保障质量安全方面的重要作用。提出要坚持"以问题为导向、以目标为导向"推动监理转型发展的思路，要完善监理法规制度，提高监理装备和信息化管理水平，谱写监理事业发展的新篇章。

　　王早生会长作《关于中国建设监理协会2019年工作情况和2020年工作安排的报告》。2019年，协会紧紧围绕改革发展，从协会建设、会员管理、会员服务、促进行业发展、加强协会秘书处内部建设、会费的收支情况等方面27项工作进行汇报。2020年工作计划，以推进行业诚信建设、维护监理市场秩序、提高服务工作质量、引导行业健康发展、加强宣传工作和秘书处建设等方面20项内容开展工作，按照高质量发展要求，以供给侧结构性改革为主线，坚持目标导向、需求导向和问题导向，"补短板、扩规模、强基础、树正气"，积极转型升级，推动监理行业改革发展。

　　会议审议通过了《关于中国建设监理协会2019年工作情况和2020年工作安排的报告（审议稿）》《关于调整、增补中国建设监理协会六届常务理事、理事的报告（审议稿）》《关于发展中国建设监理协会团体会员、单位会员的报告（审议稿）》《关于注销中国建设监理协会水电建设监理分会的报告（审议稿）》关于修改〈建设监理行业自律公约〉等文件主要内容的报告（审议稿）》，以及《中国建设监理协会员工薪酬管理办法（审议稿）》《中国建设监理协会会员信用评估标准（审议稿）（试行）》。

　　会议向各位理事报告了2019年个人会员的发展情况，公布了2019年度"鲁班奖"和"詹天佑奖"工程参建监理企业及总监理工程师名单。

　　会议交流了《房屋建筑工程监理工作标准》《监理工、器具配置标准》《工程监理资料管理标准》《项目监理机构人员配置标准》等课题研究的成果和经验做法。

　　会议由王学军副会长进行总结，他强调协会在住房和城乡建设部主管部门的指导下，在协会领导集体带领下，在地方协会和行业专委会、分会的共同努力下，于2019年做了大量工作，取得了较好的成绩。并指出协会2020年的工作安排，目标明确，任务繁重，对接下来的工作提出三点意见：一是努力提高政治站位，二是积极做好监理工作，三是主动顺应改革发展。我们要在习近平新时代中国特色社会主义思想的指导下，向着工作目标努力奋斗，为行业发展努力拼搏。

　　本次会议完成了预定议程，取得了圆满成功。

关于印发中国建设监理协会2019年工作情况和2020年工作安排的报告与王学军副会长兼秘书长在协会六届四次常务理事会暨三次理事会上总结发言的通知

中建监协〔2020〕3号

各省、自治区、直辖市建设监理协会，有关行业建设监理专业委员会，各分会：

2020年1月14日，中国建设监理协会召开了六届四次常务理事会暨三次理事会。现将本次会议上王早生会长作的协会2019年工作情况和2020年工作安排的报告与王学军副会长兼秘书长在会上的总结发言印发给你们，供参考。

附件：1. 关于中国建设监理协会2019年工作情况和2020年工作安排的报告

2. 王学军副会长兼秘书长在中国建设监理协会六届四次常务理事会暨三次理事会上的总结发言

中国建设监理协会

2020年1月21日

附件1：

关于中国建设监理协会2019年工作情况和2020年工作安排的报告

中国建设监理协会会长　王早生

（2020年1月14日）

各位常务理事、理事：

中国建设监理协会六届四次常务理事会暨六届三次理事会现在开会，下面我向各位理事报告协会2019年主要工作情况和2020年工作安排。

第一部分：2019年工作情况

2019年，中国建设监理协会以习近平新时代中国特色社会主义思想为指导，全面贯彻党的十九大和十九届一中、二中、三中、四中全会精神，认真落实中央经济工作会议精神，贯彻落实住房城乡建设部的工作部署，在上级部门的指导下，坚持新发展理念，按照高质量发展要求，以供给侧结构性改革为主线，围绕改革发展和协会工作，经过全行业的共同努力，完成了以下主要工作：

一、协会建设方面

（一）加强协会党建工作

协会党支部组织全体党员认真学习贯彻落实习近平新时代中国特色社会主义思想和党的十九大及十九届一中、二中、三中、四中全会精神，树牢"四个意识"、坚定"四个自信"、坚决做到"两个维护"，坚持"三会一课"制度，开展"两学一做"学习教育活动，实行每周五集中学习制度，组织专题党课，增强党性观念，强化宗旨意识。组织开展"不忘初心、牢记使命"主题教育活动，参观西柏坡中共中央旧址和西柏坡纪念馆，突出政治教育和党性锻炼。

（二）积极开展精准扶贫工作

坚决打赢脱贫攻坚战是党的十九大作出的重大战略部署，习近平总书记在党的十九大报告中指出，要动员全国全社会力量，坚持精准扶贫、精准脱贫。中国建设监理协会按照住房城乡建设部关于扶贫工作的总体部署，积极开展脱贫帮扶工作，分别向青海省湟中县、大通回族土族自治县捐赠助学款各 3 万元，购置了一些扶贫产品。

（三）组织召开协会六届二次理事会

2019 年 1 月，协会在昆明召开了六届二次理事会，222 名理事参加了会议，同时召开了会长工作会议。二次理事会会议审议通过了《关于中国建设监理协会 2018 年度工作情况和 2019 年工作安排的报告》《中国建设监理协会会员信用管理办法》《中国建设监理协会关于调整、增补理事的情况报告》《中国建设监理协会关于发展会员的情况报告》《中国建设监理协会关于清退会员的情况报告》，报告了 2018 年度中国建设监理协会个人会员发展情况。会上北京市、云南省、河南省监理协会就地方协会工作交流了经验。

（四）组织召开专家委员会六届二次会议

为研究行业动态，促进行业健康发展，2019 年 2 月 27 日，协会在南京召开六届理事会专家委员会第二次会议，87 名专家参加会议。协会副会长兼秘书长、专家委员会常务副主任王学军在会上作《中国建设监理协会专家委员会 2018 年工作总结和 2019 年工作计划的报告》，对 2019 年课题研究工作进行布置。协会会长、专家委员会主任王早生作会议总结，号召各位专家齐心协力、上下联动，共同为监理行业的高质量健康发展作出新的贡献。武汉建设监理与咨询行业协会会长汪成庆代表 2018 年协会课题组交流了课题研究的经验体会；湖南省建设监理协会副会长兼秘书长屠名瑚代表 2019 年协会课题组发言，表示要保质保量完成课题。

（五）组织召开全国监理协会秘书长工作会议

2019 年 3 月 21 日，协会在长沙组织召开"全国建设监理协会秘书长工作会议"。各地方建设监理协会、有关行业建设监理专业委员会及分会代表参加了会议。会议对《中国建设监理协会 2019 年工作要点》进行了说明，报告了《〈中国建设监理协会会员信用管理办法（试行）〉实施意见》及、《个人会员咨询服务费使用情况》。湖南、贵州、四川省监理协会在会上就秘书处工作交流了经验。与会人员参观考察了装配式建筑构件制造基地。

（六）组织召开协会六届三次常务理事会

2019 年 7 月 9 日，协会在长春市召开了六届三次常务理事会，会上审议了《中国建设监理协会 2019 年上半年工作情况和下半年工作安排的报告》《中国建设监理协会关于设立工程监理改革试点工作专家辅导组的报告》《中国建设监理协会关于发展单位会员的报告》《中国建设监理协会关于调整、增补理事的报告》，并对审议事项进行了表决。会上，协会秘书处对课题研究进展情况进行了报告。

（七）组织召开全国监理协会秘书长会议

2019 年 7 月 12 日，协会在重庆市召开全国监理协会秘书长会议。会议总结了 2019 年上半年秘书处围绕行业发展开展的工作，包括组织开展协会建设、会员管理、会员服务、促进行业发展等 4 方面 16 项工作，并安排了 2019 年下半年的主要工作。

为提高对会员的高质量服务，会议对会员服务与管理工作中的有关事项进行了说明，并在会员管理中拟增加会员诚信管理工作。部分地方协会交流了工作经验，观摩了重庆市协会"行业自律信息共享平台"的现场检查过程。

（八）召开中国建设监理协会会长会议

2019 年 8 月 30 日，协会在北京召开会长会议，会议审议了《中国建设监理协会脱钩方案》和监理改革进展情况，通过了有关事项。各位会长对 2020 年协会的工作方向进行了研究讨论，提出了相关意见。

二、会员管理方面

（一）发展会员

2019 年协会发展单位会员 87 家，个人会员 10956 人。

（二）清退会员

根据《中国建设监理协会章程》和《中国建设监理协会个人会员管理办法（试行）》的有关规定，经中国建设监理协会六届二次理事会审议通过，协会按照规定程序组织开展了对长期不履行会员义务和被相关部门处罚的会员予以清退工作，共清退单位会员 164 家，个人会员 4374 人。

（三）召开中国建设监理协会会员管理联络员会议

2019 年 9 月 4 日，协会在杭州召开会员管理联络员会议，研究如何更好地开展会员管理与服务等工作，对个人会员管理系统的流程进行了演示。围绕个人会员审批周期、会员企业信息变更等问题作了了解答。对《个人会员管理服务合作协议书》的签订及个人会员咨询服务费支付等事项作了说明。根据《关于加强个人会员会费使用管理的通知》（中建监协〔2017〕10 号）的要求，严格执行个人会员咨询服务费的使用管理。

三、会员服务方面

（一）开展个人会员业务培训活动

为更好地服务会员，提高会员的业务水平，协会2019年在山东济南、四川成都、山西太原、浙江杭州举办了四期"监理行业转型升级创新发展业务辅导活动"。协会领导和专家就行业改革与发展、全过程工程咨询、风险防控、BIM及信息化建设、装配式建筑等内容进行了辅导交流。共有1200余名个人会员参加了培训。

（二）开展合作培训

为拓展专业技术人员业务知识，提高综合素质和创新能力，培养监理行业高层次骨干专业技术人员，协会与住房城乡建设部干部学院共同举办了2019年"十三五"万名总师大型工程建设监理企业总工程师培训班。有280余人参加了培训。

（三）完善个人会员服务平台

为更好服务会员，2019年协会在个人会员服务平台增设"学习园地"栏目，会员可根据自身需要随时学习、测试，测试合格可打印业务学习证明，将信息化与服务会员有机结合，使个人会员服务平台进一步完善。会员网络学习课件库新增"监理行业先进技术和成功案例"和"业务辅导专题讲座"相关内容，丰富了会员网络业务学习内容。

（四）组织监理企业开展全过程工程咨询创新发展交流活动

为配合住房城乡建设部推进全过程工程咨询服务工作，推动监理企业提升管理能力和服务水平，促进行业管理信息化和提高监理科技含量，2019年5月29日，协会在安徽省建设监理协会的配合下，举办了监理企业开展全过程工程咨询创新发展交流活动。王早生会长作

了《不忘监理初心积极转型升级努力促进建筑业高质量发展》专题报告。9家企业就全过程工程咨询和企业管理创新介绍了经验，反映良好。

（五）组织召开工程监理与工程咨询经验交流会

为进一步落实《国务院办公厅关于促进建筑业持续健康发展的意见》（国办发〔2017〕19号）和《国家发展改革委 住房城乡建设部关于推进全过程工程咨询服务发展的指导意见》（发改投资规〔2019〕515号），提升监理企业管理水平，交流监理企业开展工程监理与工程咨询服务、应对改革带来的机遇与挑战等经验，2019年11月22日，协会在广西建设监理协会的配合下，在南宁组织召开工程监理与工程咨询经验交流会，来自全国300余名会员代表参加会议。王早生会长作《监理企业要努力争当全过程工程咨询的主力军》主题报告，10家企业代表交流工程监理与工程咨询发展经验，王学军秘书长作了总结。

（六）加强会员诚信建设

为规范会员信用管理，促进会员诚信经营、诚信执业，推进行业诚信体系建设，协会六届二次理事会审议通过了《中国建设监理协会会员信用管理办法（试行）》，同时制定了《中国建设监理协会会员信用管理办法（试行）实施意见》，2019年初已发布实施。同时，协会还积极筹建"会员信用信息管理平台"，这项工作目前正在进行中。

（七）做好行业宣传工作

1. 办好《中国建设监理与咨询》刊物。

2019年，在团体会员和单位会员的支持下《中国建设监理与咨询》共征订3800余份，相较2018年增长2.7%。

总印数3万余册，每期赠送团体会员、单位会员、编委通讯员1000余册。2019年共有97家地方、行业协会、企业以协办方式参加办刊。

2. 与中国建筑工业出版社签署《战略合作协议书》。联合中国建设报社等媒体开展监理行业宣传工作。

3. 开展庆祝中华人民共和国建立70周年主题征文活动。

2019年，协会开展了庆祝中华人民共和国建立70周年主题征文活动，此次主题征文活动共收到353篇文章，其中72篇征文能够结合实际，深入思考，具有引导和借鉴的作用。我们将陆续在《中国建设监理与咨询》中刊登。

四、促进行业发展方面

（一）根据主管部门要求，组织征求相关意见

根据行业主管部门要求，协会多次组织专题座谈会，组织征求相关意见。一是组织召开工程监理行业调研工作座谈会，通过行业调研论证，促进行业改革发展。二是组织召开完善工程监理制度调研座谈会。三是组织工程监理改革工作座谈会。四是组织部分省协会、专家在北京召开工程监理改革试点工作座谈会。五是根据住房城乡建设部人事司要求，完成对《关于加强专业技术人员职业资格考试命题质量管理工作的通知》（征求意见稿）的征求意见（中建监协〔2019〕16号），反馈人事司。六是根据住房城乡建设部建筑市场监管司要求，收集行业对《监理工程师职业资格制度规定（征求意见稿）》及《监理工程师职业资格考试实施办法（征求意见稿）》的意见，反馈建筑市场监管司。

（二）行业理论研究

2019年协会开展的研究课题有7个。分别是"深化改革完善工程监理制度"课题、"监理行业标准的编制导则"课题、"中国建设监理协会会员信用评估标准"课题、"房屋建筑工程监理工作标准"课题、"BIM技术在监理工作中的应用"课题、"监理工作工（器）具配备标准"课题、《住房城乡建设部关于促进工程监理行业转型升级创新发展的意见》（建市〔2017〕145号）实施情况评估"课题。各课题组组长认真负责，大家积极参与，研究工作有序推进，7个课题已全部完成验收。

（三）推进行业标准化工作

2019年4月25日协会在杭州组织行业专家，就中国工程建设标准化协会立项的"建设工程监理工作标准化评价标准"课题进行了座谈。经与中国工程建设标准化协会协商，中国建设监理协会也作为立项单位指导编制工作，并推荐上海市建设工程监理咨询有限公司作为主编单位参加了该课题编制工作。

2019年6月5日，中国建设监理协会与中国工程建设标准化协会在北京举行"工程建设团体标准战略合作协议签署仪式"，签署"工程建设团体标准战略合作协议"，旨在进一步推动行业标准化发展。

为建立和完善工程监理标准体系，协会印发了《建设工程监理工作标准体系》，为推进工程监理工作标准化，促进工程监理行业持续健康发展提供了参考。

"装配式建筑工程监理规程"课题成果转团体标准工作委托山东省建设监理协会牵头，计划今年6月完成。

（四）完成政府部门委托的监理工程师考试有关工作

协会2019年4月组织专家完成了2019年监理工程师考试命题审题工作；6月组织专家完成了主观题阅卷工作。

（五）组织全国监理工程师培训考试用书修订工作

根据2019年工作计划，协会组织修订《全国监理工程师培训考试用书》（第五版）。为保证教材质量，协会先后组织召开了修订工作筹备会、主编会和审稿会。考试用书计划2020年由中国建筑工业出版社出版发行。

（六）深入调研，了解行业现状

2019年，协会分别组织到北京、江苏、山东、湖南、四川、重庆、上海、浙江、广西、内蒙、吉林、安徽等地对全过程工程咨询试点工作及监理行业现状、政府购买服务等进行调研，了解行业情况，倾听会员呼声，引导行业健康发展。

（七）开展国际交流

随着国家"一带一路"倡议的持续推进，越来越多的监理企业走出国门，主动参与国际工程咨询竞争，参与"一带一路"建设。为了推动监理企业更好地"走出去"，发挥工程监理在工程建设中的作用，经住房城乡建设部批准，2019年12月，王学军秘书长率队赴俄罗斯调研俄罗斯工程项目管理实施状况及中方监理企业参与海外工程建设的情况与模式，与俄罗斯全国建筑工程咨询工程师协会进行了交流，实地考察了圣彼得堡波罗的海明珠项目。

五、加强秘书处内部建设

（一）完善秘书处组织机构，提高全体人员服务意识、自律意识

为配合住房城乡建设部做好"放、管、服"改革，完善工程监理管理体制机制，协会秘书处增设工程监理改革办公室。协会秘书处继续深入开展作风建设年活动，坚持每周五集中学习制度，提升秘书处人员的服务意识和工作能力。

（二）加强对行业分会活动和资金使用情况的监管

协会定期组织召开分支机构工作会议，对各分支机构上年度工作总结和下年度工作计划及费用预算等提出相关要求，规范了对分支机构的管理。对于行政主管部门委托的有关政策调研、改革方案征求意见等，协会都及时联系分支机构，征求意见，向行政主管部门及时反馈。

（三）积极开展工会活动

在住房城乡建设部机关工会的指导下，协会工会举办多项活动，服务协会工作，促使秘书处工作人员爱岗敬业、团结协作。组织开展团队建设活动，提高秘书处的凝聚力。

六、会费收支情况

2019年1—12月协会会费收入25773700.00元。其中，个人会员会费收入22734200.00元，占会费收入的88.21%；单位会员会费收入3039500.00元，占会费收入的11.79%。

2019年1—12月协会会费支出19122863.25元。其中，业务活动成本（不含税金，考试及水电支出）12245986.82元，占会费支出的64.04%；管理费用6816876.43元，占会费支出的35.65%；扶贫捐款60000.00元，占会费支出的0.31%。

根据22家地方和行业协会报送的工作总结，2019年各地方协会也做了大量工作。主要有以下工作亮点：一是

积极开展党建工作。如深圳协会开展的"党建廉建共建，质量安全共管"试点项目党支部活动，创新工作方式方法，落实质量安全共管行动；武汉协会开展的"党建工作交流"，交流协会、企业党建工作开展的有效途径，为企业发展、行业进步增添动能。二是开展课题研究，助力监理行业转型发展。如上海协会的"全过程工程咨询试点工作开展情况市场调查研究"，吉林协会的"吉林省全过程工程咨询服务导则"课题研究，北京协会的"安全生产监理工作标准化"课题研究，广东协会的"建设工程监理责任相关法律法规"课题研究，重庆协会的"装配式建筑监理工作守则"课题研究，河南协会的"工程监理资料管理标准化与信息化工作指南"课题研究，广西协会的"项目监理人员配置标准"课题研究等。三是发挥专家智库作用，加快团体标准建设。吉林、广西、宁夏、天津、山东、贵州等协会建立完善专家库，充分发挥专家在监理行业发展中的作用。同时，不断推进团体标准的制定。如北京协会印发《装配式混凝土建筑施工监理工作指南》，广东协会编制《监理服务工作标准和成本消耗定额》，河北协会印发《河北省建筑市场发展研究会团体标准管理暂行办法》，云南、天津协会编制《安全生产管理的监理工作标准指南》等。四是开展多种形式的经验交流，不断提升行业凝聚力。如上海协会举办的2019上海建设工程项目管理研讨会、工程监理法律风险研讨会，吉林、内蒙古协会开展的全过程工程咨询交流会，贵州协会组织的安全专题研讨会，北京、河北、河南协会组织的工程质量监理安全知识竞赛，上海、广东协会组织的学习沙龙、监理经验交流沙龙，北京、浙江、河南、武汉协会开展凝聚行业士气的文体活动等。五是加强人才培养，促进行业健康发展。如北京协会举办的青年骨干特别培训班、BIM建模学习、全过程工程咨询公益讲座，吉林协会组织的总监理工程师质量安全管理培训班、全过程工程咨询BIM培训班，河北协会组织的监理从业人员培训班35期（参培人数达7128人），江西协会举办4期监理从业人员培训班。六是开展表扬活动，激发行业活力。如上海协会开展的2018年度示范监理项目部评选活动，江苏协会开展的2018年度省标准化监理项目评选活动，内蒙古、吉林、宁夏开展的先进监理企业、优秀总监理工程师评选表彰活动。其他协会、分会也组织开展了多种活动，团结协作，促进行业健康发展。

第二部分：2020年工作安排

2020年，中国建设监理协会将以习近平新时代中国特色社会主义思想为指导，全面贯彻党的十九大和十九届一中、二中、三中、四中全会精神，认真落实中央经济工作会议精神和全国住房和城乡建设工作会议精神，坚持以人民为中心的发展思想，坚持稳中求进工作总基调，坚定不移贯彻新发展理念，按照高质量发展要求，以供给侧结构性改革为主线，坚持目标导向、需求导向和问题导向，"补短板、扩规模、强基础、树正气"，积极转型升级，推动监理行业改革发展。在会员范围内开展推进诚信建设、维护市场秩序、提升服务质量活动，切实改进工作作风，不断加强自律管理，引导工程监理行业健康发展。

一、推进行业诚信建设

1. 践行行规公约。

2. 发布《会员信用评估标准》，引导单位会员开展自评。

3. 建立"会员信用信息管理平台"。

二、维护监理市场秩序

1. 维护监理现场工作秩序，试行《房屋建筑工程监理工作标准》《项目监理机构人员配备标准》《监理工器具配备标准》《工程监理资料管理标准》。

2. 维护良好市场竞争秩序，鼓励单位会员明码标价、优质优价，提供优良服务。

三、提高服务工作质量

1. 开展免费业务辅导活动。

2. 及时更新网络业务学习课件，充实会员"学习园地"内容。

3. 组织编写全国监理工程师培训考试用书。

四、引导行业健康发展

1. 继续推进全过程工程咨询，促进行业改革发展转型升级。

2. 继续开展课题研究，推动行业科学规范发展。

3. 加快推进课题成果转为团体标准工作。

4. 推进BIM等信息技术在监理工作中的应用。

5. 宣传"鲁班奖"和"詹天佑奖"参建监理企业和总监理工程师事迹及成效。

五、加强宣传工作

1. 办好《中国建设监理与咨询》行业刊物。

2. 加强行业动态、政策法规、工作成效的宣传力度。

3. 利用网络、微信平台进行宣传。

六、加强秘书处建设

1. 加强党的组织和思想建设，积极做好扶贫工作。

2. 增强为会员服务意识，规范员工薪酬管理。

3. 推行会费发票电子化管理。

4. 按上级部署，有序做好协会脱钩工作。

以上报告，请审议。

谢谢大家。

附件2：

在中国建设监理协会六届四次常务理事会暨三次理事会上的总结发言

中国建设监理协会副会长兼秘书长　王学军

（2020 年 1 月 14 日）

各位常务理事、理事：

今天的理事会开的很成功，完成了预定议程，审议通过了《关于中国建设监理协会 2019 年工作情况和 2020 年工作安排的报告》《关于调整、增补中国建设监理协会常务理事、理事的报告》《关于发展中国建设监理协会团体会员、单位会员的报告》《关于注销中国建设监理协会水电监理分会的报告》和《协会员工薪酬管理办法》《会员信用评估标准》；审议通过了《建设监理行业自律公约》《建设监理人员职业道德行为准则》《建设监理企业诚信守则》《中国建设监理协会会员信用管理办法》等文件修改的报告。另外，还向理事会报告了 2019 年发展个人会员的情况和通报了参与"鲁班奖"和"詹天佑奖"监理企业和总监理工程师名单。

会上，计划今年在监理工作中试行的 4 个课题组负责人分别介绍了该课题研究成果。各课题组研究侧重点不同，但目的都是为了规范监理工作，提高服务质量。可在试行中逐步完善，成熟后再

转为团体标准。"房屋建筑工程监理工作标准"课题组凝聚广大监理企业、政府主管部门、建设单位以及施工单位的共识设置了工作标准，此标准对房建监理工作提供标准化服务将起到标准的规范作用。"监理工、器具配置标准"课题组，在调研的基础上对房建、市政工程项目监理机构的工器具配置设定了标准，为提升监理工作服务质量将发挥重要作用。"工程监理资料管理标准"课题组，在广泛调研基础上，设置了监理资料标准，对指导规范工程监理资料标准化管理，提升监理服务质量奠定了基础。"项目监理机构人员配置标准"课题组，根据工程项目特点、现场管理需要以及合同约定优化配置项目监理资源出发，在调研的基础上设置了最低人员配备标准，为提高监理服务质量提供了人力资源保障。

早生会长作的协会 2019 年工作情况和 2020 年工作安排的报告，反映出协会在住房城乡建设部业务主管部门指导下，在协会领导集体带领下，在地方协会和行业专委会、分会的共同努力

下，于 2019 年做了 6 个方面 27 项工作，取得了较好的成绩。同时，通报了地方协会在开展党建、课题研究发挥专家作用、增强行业凝聚力、加强人才培养、激发行业活力方面的做法，相信对大家工作会有启发。2020 年工作计划，涉及 6 个方面 20 项内容，任务清楚，目标明确，涉及行业诚信建设、维护监理市场秩序、提高服务工作质量、引导行业健康发展、加强宣传工作、加强秘书处建设等方面工作内容。这些工作，有的需要我们与地方协会和行业监理专业委员会、分会通力合作，会员单位大力支持配合才能完成，如 2020 年拟在会员范围内开展"推进诚信建设，维护市场秩序，提升服务质量"活动和在单位会员中开展信用自评工作；有的需要我们充分发挥专家委员会的作用，依靠专家和学者来完成，如监理行业制度改革、有关标准化建设课题研究、会员网络业务学习内容和监理工程师考试辅导用书编纂及监理工程师考试有关工作。卫明副司长到会并讲了话，他客观地分

析了建筑业现状，坚持以问题为导向的改革思路，提出推动监理转型发展，完善监理法规，提高监理装备和信息化管理水平的要求。就如何提高监理工程师素质，提出了希望和要求。我们要认真领会，结合实际落实。

下面就如何引导和促进监理行业健康发展，我提几点建议供大家在工作中参考：

一、努力提高政治站位

工程监理是业务工作，也是政治工作，关系人民生命财产安全，也关系社会稳定。因此监理工作者要认真学习习近平新时代中国特色社会主义理论，树立工程监理受业主委托向人民负责的精神。工程监理工作是国家赋予监理人的监督职责，是业务职责，也是政治任务，要高质量来完成。监理人要牢固树立创新发展理念，落实高质量发展的要求。把党和国家在新时期对工程建设提出的重要思想、重大举措贯彻到工程监理工作中。要进一步提高工程监理政治站位，增强服务党和国家工程建设大局的政治自觉和行动自觉。要继续坚持监理人向人民负责、技术求精、坚持原则、勇于奉献、开拓创新的精神，以对历史、对国家、对人民、对监理事业高度负责的态度，积极营造全行业人人重视质量安全、人人维护质量安全的良好氛围，自觉履行质量安全职责，强化质量安全管控，监理出经得起历史检验的优质工程，

让人民满意的工程。

二、积极做好监理工作

据统计，2018 年，工程监理企业已发展到 8300 余家，监理队伍 116 万余人。现阶段国家还处在快速建设高质量发展时期，工程项目多、工程规模大、复杂程度高，在法制不健全，社会诚信意识不强，建筑市场管理不规范的情况下，监理队伍仍然是保障工程质量安全不可或缺的一支力量。

监理队伍要牢固树立监理制度自信、工作自信、能力自信、发展自信，不负人民期望，坚持不忘初心，强化责任担当，认真履行监理职责，落实政府主管部门的有关规定，为保障工程质量安全，促进建筑业高质量发展提供人力和智力支撑。

三、主动顺应改革发展

监理制度建立 30 余年，监理发展遇到了各种困难，主要矛盾应当是监理服务质量与业主需求之间的矛盾。引发这一矛盾的主要因素是工作多，责任重；要求高，费用低；诚信意识不强，履职不到位。这些因素产生原因是多方面的。但现象主要表现在部分房建监理项目，结果是费用低，服务劣，在全行业产生了负面效应。房建监理服务质量的提升，服务费用的增加，对行业将起到引领作用。

住房城乡建设部业务主管部门拟在今年加强对房建现场监理管理，协会拟配合住房城乡建设部在会员范围内开展"推进诚信建设，维护市场秩序，提升服务质量"活动和单位会员信用等级自评活动，促进行业健康发展。

当前，建筑业处在改革发展的进程中，监理行业要适应改革发展形势，不断提高监理科技含量和咨询服务能力，要推进信息化管理智能化服务，在监理、项目管理和全过程工程咨询服务中的应用。适应建设组织模式、建造方式、咨询服务模式变革，紧密结合市场需要，拓展服务范围，提供多元化监理和咨询服务。

各位理事，2020 年，协会要做的工作很多，任务很重，我们要有出色完成工作任务的信心和决心，同时也要作好攻坚克难的心理准备。我们要在习近平新时代中国特色社会主义思想的指导下，向着工作目标努力奋斗，为行业发展努力拼搏。让我们用汗水浇灌收获，以实干笃定前行，只争朝夕，不负韶华。

这次会议，得到了广东省建设监理协会和监理企业的大力支持和帮助，让我们以热烈的掌声对他们表示衷心的感谢！各位常务理事、理事在繁忙的工作中，抽出时间来参加本次会议，支持协会工作，我代表协会秘书处向大家表示感谢！再过几天就是中华民族传统节日春节，在此提前祝各位理事和同志们新春愉快、身体健康、阖家幸福。

关于开展"推进诚信建设、维护市场秩序、提升服务质量"活动的通知

中建监协〔2020〕5号

各省、自治区、直辖市建设监理协会，有关行业建设监理专业委员会，各分会：

为贯彻《国务院办公厅关于促进建筑业持续健康发展的意见》（国办发〔2017〕19号）、《国务院办公厅转发住房城乡建设部关于完善质量保障体系提升建筑工程品质指导意见的通知》（国办函〔2019〕92号）要求，根据监理行业的现状和建设行政主管部门的工作重点，决定在会员范围内开展"推进诚信建设、维护市场秩序、提升服务质量"活动，现将有关事项通知如下。

一、总体目标

推进工程监理行业诚信体系建设，构建以信用为基础的自律监管机制，打造诚信工程监理行业，维护监理市场良好秩序，提升监理服务质量，增强监理企业活力，促进监理行业高质量可持续健康发展。

二、主要内容

（一）推进诚信建设

推进会员践行公约行规。积极推进会员践行《建设监理行业公约》《监理企业诚信守则》《建设监理人员职业道德行为准则》，使单位会员和个人会员充分认识守信践约在企业发展和个人成长中的重要性，始终将诚信经营和诚信执业贯穿于企业经营与个人执业之中。

开展单位会员信用自评估工作。单位会员依据《中国建设监理协会会员信用评估标准（试行）》，对本企业信用情况进行自评估并将结果报所在地省级建设监理协会或分会。省级建设监理协会或分会公示自评估结果后，将结果报中国建设监理协会。中国建设监理协会在协会网站上公布信用评估结果，逐步在行业中建立信用信息共享机制，推进单位会员诚信经营和个人会员诚信执业，提高工程监理行业的社会公信度。

（二）维护市场秩序

保障监理现场工作质量。参照中国建设监理协会印发的《房屋建筑监理人员配备标准（试行）》和《房屋建筑监理工器具配备标准（试行）》，配备监理人员和检测工器具，维护现场良好的监理工作秩序。

维护监理市场秩序。鼓励单位会员向社会发布监理服务费用构成，明码标价提供服务。引导单位会员不参与恶性竞争，保障监理咨询服务的合理收入，逐步形成以优质服务为导向的优质优价的监理咨询服务市场机制。

（三）提升服务质量

推进监理咨询服务标准化、监理资料管理标准化。参照中国建设监理协会印发的《房屋建筑工程监理工作标准（试行）》和《房屋建筑工程资料管理标准（试行）》做好现场监理工作，提升监理咨询服务质量。

鼓励监理现场管理提供信息化管理、智慧化服务。鼓励监理企业加大技术投入，提升科技创新能力，推广互联网和科学技术在监理工作的应用，提高监理咨询服务的科技含量。

三、保障措施

（一）组织领导

各地协会和分会要充分认识此次活动的重要意义，加强组织领导与会员之间的沟通，结合本地本分会实际情况，组织开展此项活动。中国建设监理协会设立活动办公室，各地方、行业协会和分会确定负责人、联络人，保障本活动顺利实施取得实效。

（二）积极推进

本次活动暂定为一年，各地方、行业协会和分会根据本地实际情况有序推进、积极开展活动，完成单位会员自评估工作，请各团体会员、单位会员、个人会员积极参与活动。活动开展过程中请随时与中国建设监理协会联系，加强工作的沟通与交流。

（三）效果评估

活动结束后，协会将对此次活动进行总结。总结各地方、行业协会和分会在推进诚信建设、维护市场秩序、提升服务质量三方面取得的成果，推广好的经验和做法，不断推进监理行业的高质量健康发展。

（四）此项活动联系方式

中国建设监理协会监理改革办公室宫潇琳，联系电话010-88385640，电子邮箱:gxlkey@sina.com。

中国建设监理协会

2020年2月25日

关于印发《建设工程监理团体标准编制导则（试行）》的通知

中建监协〔2020〕10号

各省、自治区、直辖市建设监理协会，有关行业建设监理专业委员会，中国建设监理协会各分会：

为提升建设监理团体标准编制的规范化和标准化水平，确保团体标准编写质量，我协会组织开展了建设工程监理团体标准编制导则课题研究，完成"建设工程监理团体标准编制导则研究报告"。现将课题成果《建设工程监理团体标准编制导则》印发给你们，供参考。

附件：《建设工程监理团体标准编制导则（试行）》

中国建设监理协会

2020 年 3 月 5 日

中国建设监理协会课题建设工程监理团体标准编制导则

编制说明

本导则是根据中国建设监理协会2019 年度课题研究工作计划，中国建设监理协会委托河南省建设监理协会牵头，会同相关单位组织开展的"建设工程监理团体标准编制导则"课题研究并申报中国建设监理协会团体标准。

本导则编制组按照国家标准化建设的有关规定和标准要求，结合《中国建设监理协会团体标准管理暂行办法》（中建监协〔2018〕44 号），进行了广泛的调查研究，征求了建设主管部门、建设单位、高等院校及工程监理单位意见，总结了近几年团体标准编制和实施过程的经验和教训，经充分研究讨论形成本导则。

本导则共分 7 章，包括：总则、编制程序、标准构成、层次和编号、编写细则、条文说明的编写、引用标准等。

通过本导则的贯彻实施，解决标准编写过程中，编写规则不统一，结构体例不规范，标准文本不合理的问题；指导标准编制人员如何起草规范的标准文本，提高标准文本的编写质量，以标准文本的规范性间接提高团体标准的先进性、实用性，提升建设工程监理团体标准的社会影响力和市场竞争力。

目次

1 总则

2 监理团体标准编制程序

2.1 一般规定

2.2 提案和立项

2.3 起草

2.4 征求意见

2.5 审查和批准

2.6 编号和发布

2.7 评估

3 监理团体标准构成

3.1 一般规定

3.2 前引部分

3.3 正文部分

3.4 附件部分

4 监理团体标准层次和编号

4.1 一般规定

4.2 层次划分

4.3 层次编号

5 监理团体标准编写细则

5.1 图

5.2 表

5.3 数值

5.4 标点符号和简化字

5.5 示例和注

6 监理团体标准条文说明的编写

7 监理团体标准引用其他标准的处理

1 总则

1.0.1 为提升建设工程监理团体标准的编制水平，统一团体标准的编写要求，提高团体标准的编写质量，促进建设工程监理工作的标准化和规范化，制定本导则。

1.0.2 本导则适用于中国建设监理协会制定的"建设工程监理团体标准"的编制及相关实施活动。工程监理单位编制企业标准可参考本导则相关要求。

1.0.3 监理团体标准的制定应遵循开放、公平、透明、协商一致的原则。

（以下略）

关于开展单位会员信用评估的通知

中建监协〔2020〕12号

各省、自治区、直辖市建设监理协会及各分会：

为推进工程监理行业诚信体系建设，构建以信用为基础的自律监管机制，维护市场良好秩序，打造诚信工程监理行业，促进行业高质量可持续健康发展，按照中国建设监理协会 2020 年工作安排，今年中国建设监理协会在会员范围内开展"推进诚信建设，维护市场秩序，提升服务质量"活动，启动单位会员信用评估工作，现将有关事项通知如下：

一、评估程序

1. 2020 年上半年各省、自治区、直辖市建设监理协会和各分会做好单位会员信用评估准备工作，2020 年 7 月开始单位会员信用评估。

2. 各省、自治区、直辖市建设监理协会或各分会负责本地区或本行业单位会员自评估结果的公示，公示期不少于 5 个工作日。公示期内如对单位会员信用真实情况有反映的，应责成相关单位核实、纠正，公示期结束后请将单位会员自评估分数和公示情况报中国建设监理协会联络部。

3. 在单位会员自评估并经省级建设监理协会或各分会公示后，报中国建设监理协会汇总，并记入单位会员信用档案，在会员内部适用。

二、评估内容

1. 基本信息，主要包括：企业资质、团队建设、依法纳税、员工权益保障、员工教育投入、技术装备。

2. 优良信用信息，主要包括：获奖、表扬、科学技术创新成果与应用、三体系认证、社会贡献、协会活动。

3. 不良信用信息，主要包括：违规行为、质量和安全生产监管考核缺项、黑名单、恶性竞争、信息失真、外地分支机构管理缺失。

三、评估要求

1. 单位会员要本着实事求是的原则，按照信用评估标准（见附件 1）自行评估，不得弄虚作假。

2. 单位会员自评估结果须按规定公示。

3. 各省、自治区、直辖市建设监理协会和各分会要重视此项工作，要安排人员负责和指导此项工作的开展。协会将成立诚信建设指导组，负责指导信用评估工作。

4. 严格执行《中国建设监理协会会员信用管理办法》及实施细则，依法依规加强信用管理。

四、评估得分计算方式

最后得分 X = 基本信息得分 ×30% + 优良信用信息得分 ×30% + 不良信用信息得分×40%。最后得分保留小数点后两位数（四舍五入）。

附件：1.《中国建设监理协会会员信用评估标准（试行）》

2.《中国建设监理协会会员信用管理办法》和《中国建设监理协会会员信用管理办法实施意见》

中国建设监理协会
2020 年 3 月 4 日
（附件略）

关于印发《中国建设监理协会会员自律公约》等三份文件的通知

中建监协〔2020〕9号

各省、自治区、直辖市建设监理协会，有关行业建设监理专业委员会，中国建设监理协会各分会、各单位会员：

为了适应"放、管、服"改革和建筑市场发展要求，加强监理行业自律管理，完善会员信用管理体系建设，促进监理行业健康发展，协会六届三次理事会审议通过了《中国建设监理协会会员自律公约》《中国建设监理协会单位会员诚信守则》《中国建设监理协会个人会员职业道德行为准则》文件，现印发给你们，请结合今年协会在会员范围内开展的"推进诚信建设，维护市场秩序，提升服务质量"活动组织实施，并将实施中的情况反馈我们。

附件：1.《中国建设监理协会会员自律公约》
2.《中国建设监理协会单位会员诚信守则》
3.《中国建设监理协会个人会员职业道德行为准则》

中国建设监理协会

2020 年 2 月 25 日

附件一 中国建设监理协会会员自律公约

第一章 总则

第一条 为了建立健全我国建设监理行业自律机制，规范工程监理企业经营和监理工程师行为，维护监理市场公平竞争和行业正当权益，保障监理服务质量，促进监理行业健康发展，依据国家有关法律法规和中国建设监理协会章程，制定本公约。

第二条 本公约所称建设工程监理是指工程监理单位受业主委托，根据法律法规、工程建设标准、勘察设计文件及合同，在施工阶段对建设工程质量、造价、进度进行控制，对合同、信息进行管理，对工程建设相关方的关系进行协调，并履行建设工程安全生产管理法定职责的服务活动。

第三条 本公约适用于中国建设监理协会单位会员和个人会员。

第四条 中国建设监理协会行业自律机构，引导地方和行业协会探索建立健全与建设工程监理行业发展相适应的行业自律机制和诚信体系。

（以下略）

附件二 中国建设监理协会单位会员诚信守则

一、贯彻诚信理念，建立诚信体系，把守法诚信作为企业安身立命之本，激励诚信，惩戒失信，公平、独立、诚信、科学地开展监理工作。

二、遵守法规及相关政策，依照企业资质范围开展经营业务活动，不转让、出租、出卖企业资质及监理工程师注册执业证书。

三、在投标过程中不串标、不围标，不以降低监理工作质量等手段压价承揽业务，抵制不正当竞争行为，诚实守信，公平竞争。

四、依据《建设工程监理规范》及合同约定，组建项目监理机构和派遣项目监理人员，明确监理职责，定期检查项目监理部工作，发现问题及时处理。

（以下略）

附件三 中国建设监理协会个人会员职业道德行为准则

一、遵法守规，诚实守信。遵守法规和《建设监理行业自律公约》，讲信誉，守承诺，敢担当，公平、独立、诚信、科学地开展监理工作。

二、恪尽职守，严格监理。履行合同义务，提供专业化服务，坚守标准、规范、规程和制度，保证工程质量，维护业主权益和公共利益。

三、爱岗敬业，优质服务。履行岗位职责，做好本职工作，热爱监理事业，维护监理信誉，以优质服务塑造行业良好形象。

（以下略）

装配式建筑的应用发展与监理工作初探

陈文

山东省建设监理协会

摘　要：装配式建筑具有标准化设计、工厂化生产、装配化施工、一体化装修、信息化管理、智能化应用等特点。综合中国国情，发展装配式建筑有利于节约资源能源、减少污染、提升劳动生产效率和质量安全水平，从而实现项目整体利益的最大化。本文从国内外装配式建筑的发展历史及现状出发，对装配式混凝土结构的特点、结构体系及关键技术进行了阐述，同时结合笔者参与编写的《装配式建筑工程监理规程》的经验，对驻厂监造、现场施工及工程验收阶段的主要监理工作进行了探讨。

关键词　装配式建筑　预制构件　监理　信息化

与传统建造方式相比，装配式建造方式采用标准化、一体化设计，从而解决了以往设计与施工相脱节所导致的弊端。同时采用现场装配化施工，大部分现场湿作业都转移到工厂进行，解决了传统建造方式工人劳动强度大，建筑材料浪费多，建筑垃圾多，场地需求大，噪声、扬尘污染严重等问题；同时随着劳动力成本的不断上涨，施工现场用工数量大大下降，节约了大量人力成本。此外，装配式建造方式采用全过程的信息化管理，有利于实现项目整体利益的最大化[1]。综上，发展装配式建筑有利于节约资源能源、减少污染、提升劳动生产效率和质量安全水平，有利于促进建筑业与信息化、工业化深度融合，培育新产业、新动能，推动化解过剩产能，促进中国经济持续健康发展。

一、建筑工业化与装配式建筑

装配式建筑的概念源于"建筑工业化"。1974 年，联合国出版的《政府逐步实现建筑工业化的政策和措施指引》（*Guidelines for Government Policies and Measures for the Gradual Industrialization of Building*）中定义的"建筑工业化"是指按照大工业生产方式改造建筑业，使之逐步从手工业生产转向社会化大生产的过程。"建筑工业化"的主要特征表现如下：一是建筑设计的标准化，二是建筑构配件生产工业化，三是建筑施工的装配化和机械化，四是组织管理科学化。

装配式建筑作为建筑工业化的一种表现形式，是指把传统建造方式中的大量现场作业的工作内容转移到工厂由产业工人来完成，在工厂制作好建筑用构件和配件，运输到施工现场，通过可靠的连接方式在现场装配安装而成的建筑。装配式建筑具有如下 6 个特点：标准化设计、工厂化生产、装配化施工、一体化装修、信息化管理、智能化应用。

二、国内外装配式建筑发展概况

（一）国外装配式建筑发展历程

预制混凝土技术起源于英国。1875 年英国人拉塞尔提出了在结构承重骨架上安装预制混凝土墙板的新型建筑方案。1891 年法国巴黎 Ed.Coigent 公司首次使用预制混凝土梁。"二战"结束后，预制混凝土结构在西欧发展起来，然后推广到世界各国。发达国家的装配式混凝土建筑经过几十年甚至上百年的时间，已经发展到了相对成熟、完善的阶段[2]。

美国城市住宅以"钢结构＋预制外墙挂板"的高层结构体系为主，在小城镇多以轻钢结构、木结构低层住宅体系为主。法国装配式建筑的特点是以预制装配式混凝土结构为主，钢结构、木结构为辅。装配式住宅多采用框架或者板柱体系，焊接、螺栓连接等均采用干法作业，结构构件与设备、装修工程分开。新加坡是世界上公认的住宅问题解决较好的国家，其住宅多采用建筑工业化技术加以建造，其中，住宅政策及装配式住宅发展理念促使其工业化建造方式得到广泛推广。

（二）国内装配式建筑发展历程

中国预制混凝土起源于20世纪50年代，早期受苏联的影响，主要应用在工业厂房、住宅、办公楼等建筑领域。20世纪80年代初，中国基本建立了以标准预制构件为基础的应用技术体系。80年代中后期，由于国家产业政策改革，装配式结构的比例迅速降低，步入衰退期，装配式大板厂相继倒闭，1992年以后很少采用。进入21世纪后，预制部品构件由于其固有的一些优点在中国重新受到重视。预制部品构件生产效率高、产品质量好，尤其是可改善工人劳动条件且环境影响小，有利于社会可持续发展，这些优点决定了预制混凝土是未来建筑发展的一个必然方向。

三、大力发展装配式建筑的重要意义

发展装配式建筑是贯彻落实创新、协调、绿色、开放、共享五大发展理念的重要举措，按照适用、经济、安全、绿色、美观要求推动建造方式创新的重要体现，是稳增长、促改革、调结构的重要手段。装配式建筑作为全面推进生态文明建设、加快推进新型城镇化、促进建筑业转型升级，特别是实现中国梦的伟大进程中的一项重要举措，其重大意义如下：一是落实党中央国务院决策部署的重要举措，二是促进建设领域节能减排降耗、绿色发展的有力抓手，三是促进当前经济稳定增长的重要措施，四是带动技术进步和提高生产效率的必然要求。

四、国内相关政策及标准保障

（一）相关政策不断出台

中国装配式建筑自2013年以来之所以能在如此短的时间内迅猛发展，最重要的是得益于党中央国务院和国家住房和城乡建设部近年来，特别是2015年以来密集出台的一系列重磅政策措施[3]，主要包括《关于转发发展改革委、住房城乡建设部绿色建筑行动方案的通知》（国办发〔2013〕1号）、《中共中央国务院关于进一步加强城市规划建设管理工作的若干意见》（中发〔2016〕6号）、《关于大力发展装配式建筑的指导意见》（国办发〔2016〕71号）、《关于促进建筑业持续健康发展的意见》（国办发〔2017〕19号）、《住房城乡建设部办公厅关于开展2017年度建筑节能、绿色建筑与装配式建筑实施情况专项检查的通知》、《住房城乡建设部建筑节能与科技司2018年工作要点》。

（二）相关技术标准进一步完善

中国在积极探索发展装配式建筑的同时，相关技术规范与标准坚持国际视野与全面创新完善相结合，注重长远和提质增效，来全面完善和提高新型装配式建筑标准规范体系[4]。

2014年，住建部发布了行业标准《装配式混凝土结构技术规程》JGJ 1-2014。2015年8月27日，住建部制定发布了国家标准《工业化建筑评价标准》GB/T 51129-2015。2017年1月10日，住建部发布了国家标准《装配式木结构建筑技术标准》GB/T 51233-2016、《装配式钢结构建筑技术标准》GB/T 51232-2016、《装配式混凝土建筑技术标准》GB/T 51231-2016。住建部科技与产业化发展中心（住宅产业化促进中心）会同有关单位编制了《装配式建筑评价标准》。住建部于2017年12月12日印发通知，批准《装配式建筑评价标准》GB/T 51129-2017为国家标准，自2018年2月1日起实施，原国家标准《工业化建筑评价标准》GB/T 51129-2015同时废止。

五、国内装配式建筑发展现状

从市场占有率来说，中国装配式建筑市场尚处于初级阶段，全国各地基本上集中在住宅领域，尤其是保障性住房。资料显示，2012年中国装配式建筑行业市场规模为303亿元，新建建筑面积1424.8万平方米；到2018年市场规模达到6532亿元，新建建筑面积达到1.9亿平方米，行业增长速度极快，装配式建筑呈现出蓬勃发展态势。2011年至今，在全国先后批准建立了11个国家住宅产业现代化综合试点城市，68个国家住宅产业化基地。试点城市包括深圳市、沈阳市、济南市、绍兴市、北京市、合肥市、厦门市、乌海市、上海市、长沙市、广安市。

2017年11月,住建部印发《住房城乡建设部办公厅关于认定第一批装配式建筑示范城市和产业基地的函》(建办科函〔2017〕771号)认定了30个城市和195家企业为第一批装配式建筑示范城市和产业基地。示范城市分布在东、中、西部,装配式建筑发展各具特色;产业基地涉及27个省(自治区、直辖市)和部分央企,产业类型涵盖设计、生产、施工、装备制造、运行维护等全产业链。在试点示范的引领带动下,装配式建筑逐步形成了全面推进的工作格局。

六、装配式混凝土结构简介

目前中国装配式建筑主要有三种结构形式:预制装配式混凝土结构、钢结构、木结构,其中预制装配混凝土包括预制装配框架、剪力墙、框-剪结构、模块建筑、盒子结构等;钢结构包括各类钢结构、轻型钢结构、轻钢薄壁、集装箱式集成房等;木结构包括现代轻型木

结构、重木结构、竹结构、胶合木结构、传统木结构等。下面主要对装配式混凝土结构的关键技术进行阐述。

(一)装配式混凝土结构的特点

1. 主要构件在工厂或现场预制,采用机械化吊装,可与现场各专业施工同步进行,具有施工速度快、工程建设周期短、利于冬期施工的特点。

2. 构件预制采用定型模板平面施工作业,代替现浇结构立体交叉作业,具有生产效率高、产品质量好、安全环保、有效降低成本等特点。

3. 在预制构件生产环节可采用反打一次成型工艺或立模工艺等将保温、装饰、门窗附件等特殊要求的部件与混凝土墙板在工厂生产完成,可以提高窗框四周防水性能和保温层耐久性,同时解决外墙装饰性能。

4. 功能高度集成,减少了物料损耗和施工工序。

5. 由于对从业人员的技术管理能力和工程实践经验要求较高,因此,装配式建筑的设计施工应作好前期策划,具体包括工期进度计划、构件标准化深化

设计及资源优化配置方案等。

(二)装配整体式混凝土结构体系

由预制混凝土构件通过可靠连接方式进行连接(如:柱与柱、墙与墙、梁与柱或墙等)并与现场后浇混凝土、水泥基灌浆料形成整体的装配式混凝土结构,简称装配整体式混凝土结构,其结构性能与现浇混凝土基本等同。装配整体式混凝土结构又可分为装配整体式框架结构、装配整体式剪力墙结构、装配整体式框架-现浇剪力墙结构、装配整体式框架-现浇核心筒结构和装配整体式部分框支剪力墙结构。

(三)装配式混凝土结构的关键技术

1. 钢筋套筒灌浆连接技术

钢筋套筒灌浆连接技术是指带肋钢筋插入内腔为凹凸表面的灌浆套筒,通过向套筒与钢筋的间隙灌注专用高强水泥基灌浆料,灌浆料凝固后将钢筋锚固在套筒内实现针对预制构件的一种钢筋连接技术。

2. 钢筋浆锚连接技术

国外预制构件的钢筋普遍采用套筒灌浆连接,中国近年来基于国内装配式结构体系的特点开发了钢筋浆锚连接技术。该技术是将两根连接钢筋拉开一定距离后进行灌浆锚固从而实现钢筋可靠连接的方式。

七、装配整体式混凝土施工监理控制要点

装配式建筑施工过程中监理控制的目标是确保预制构件生产、安装质量达到设计和规范所要求。施工阶段的监理一般分为两部分,即驻厂监造和工地现场装配,重点是对预制构件生产(模具精度、进场原材料、钢筋加工制作、混

凝土拌制、混凝土浇筑、预制构件养护等）、运输、安装过程进行全过程、全方位的质量安全控制。

根据前期笔者参编的《装配式建筑工程监理规程》的经验，装配式建筑监理的主要工作可以划分为如下8个主要内容：质量控制、进度控制、造价控制、合同管理、安全管理、驻厂监理、信息管理、资料管理。下面就其中几个重要内容进行阐述。

（一）预制构件制造的监理要点（驻厂监造）

1. 选定预制构件加工厂家。监理方应协助委托人在预制构件加工厂的合格供应商名单中筛选考察厂家，主要审核营业执照、许可证、生产规模、业务手册（业绩）、实验室等级、性价比、综合管理水平等方面，拟定考察报告，报委托人最终选定供应商。

2. 审核预制构件加工厂的生产加工方案和进度方案，方案要体现质量安全控制措施、验收措施、合格标准；加工、供应计划应满足现场施工要求。

3. 审核预制生产相关的各施工专项方案，主要有混凝土浇筑方案、缺陷修补方案、预制现场堆放和吊装专项方案、垂直运输方案等。审核与预制构件相关的吊点、埋件、预留孔、套筒、接驳器等的位置、尺寸、型号，协调相关单位根据方案措施进行图纸深化。

4. 原材料质量控制。主要生产原材料，如水泥、钢材、外加剂、脱模剂、砂、石、预埋件等均采用信誉较好的生产厂家或是委托人招标指定的生产厂家。材料进场后工厂实验室取样检测，合格后经监理方批准方可使用。监理人员监督生产厂家按配合比进行搅拌、计量。

5. 模具制作验收。模具制作应使用合格的钢材，模具应具有足够的强度、刚度和稳定性。模具组装正确，应牢固、严密、不漏浆，并符合构件的精度要求。模具堆放场地应平整、坚实，不应有积水。模具应清理干净，表面除饰面材料铺贴面范围外，应均匀涂刷脱模剂。

6. 钢筋验收。进厂钢筋应进行外观验收，取样复试。钢筋骨架尺寸应准确，钢筋品种、规格、强度、数量、位置应符合设计和规范要求，钢筋骨架入模后不得移动，并确保保护层厚度。

7. 预埋件验收。埋件、套筒、接驳器、预留孔等材料应合格，品种、规格、型号等符合设计和方案要求。预埋位置正确，定位牢固。

8. 门窗框安装。门窗框进厂进行外观和质保资料验收，品种、规格、尺寸、性能和开启方向、型材壁厚、连接方式等符合设计和规范要求。门窗框应安装在限位框上，并采取包裹遮盖等保护措施。应做到安装位置准确，方向正确，横平竖直。

9. 面砖反打验收。面砖进厂需进行验收。在面砖入模铺贴前，应对面砖进行筛选，确保尺寸和平整度，并且无色差、裂缝、掉角等质量缺陷。入模后，缝隙宽度应符合要求，横平竖直，并进行密封处理。

10. 混凝土浇捣控制。厂家自检合格后，报监理方验收，应对钢筋、保护层、预留孔道、埋件、接驳器、套筒、吊件等逐一进行验收，经验收合格后方可浇混凝土。混凝土应振捣密实，不应碰到钢筋骨架、面砖、埋件等，随时观察模具、门窗框、埋件预留孔等，出现变形、移位及时采取措施。

11. 模具拆除和修补。当混凝土强度大于设计强度的75%时（根据同条件拆模试块抗压强度确定），方可拆模。拆模后监理人员对预制构件进行验收，厂家对存在的缺陷进行整改和修补。

12. 出厂前验收。厂家应建立产品数据库，对构件产品进行统一编码，建立产品档案，对产品的生产、检验、储运、出厂、物流、验收作全过程跟踪，在产品醒目位置作明显标识。采用运输的平板汽车、预制的专用运输架、预制构件强度均应符合要求；装车前，监理方对预制构件再次验收，合格后准许出厂，并在预制构件上签章。

（二）预制构件安装的监理要点（工地现场装配）

1. 施工总体方案审核。审核施工单位报送的施工总体方案，重点审核施工进度计划、质量安全管控体系、施工组织管理、运输吊装技术措施、关键技术工人培训证书等。督促施工单位落实质量安全管理体系和各项制度。

2. 审核施工专项方案。方案包括预制构件进场堆放和驳运道路的施工总平面图，吊装机械选型和平面布置，预制构件总体安装流程、施工测量，分项工程施工方法，成品保护及安全质量保证措施。

3. 进场验收。监理人员审核厂家提供的质量证明文件、构件标识，检查外观质量和尺寸偏差，预埋件、预留孔、吊点、预埋套孔。存在缺陷的构件应进行修整处理，修整技术处理方案应经监

理方确认。

4. 构件存放：

1）构件进场后，应按品种、规格、吊装顺序分别设置堆垛，存放堆垛宜设置在吊装机械工作范围内。

2）预制墙板宜采用堆放架插放或靠放，堆放架应具有足够的承载力和刚度；预制墙板外饰面不宜作为支撑面，对构件薄弱部位应采取保护措施。

3）叠合板、柱、梁宜采用叠放方式。叠合板叠放层不宜大于6层，柱、梁叠放层数不宜大于2层。底层及层间应设置支垫，支垫应平整且上下对齐，支垫地基应坚实。构件不得直接放置于地面上。

4）异形构件应根据施工现场实际情况和构件特点堆放。

5. 构件吊装安装准备。起重吊装特种作业人员，应具有特种作业操作资格证书。吊装前，应按照装配整体式混凝土结构施工的特点和要求，对塔吊作业人员和施工操作人员进行安全质量技术交底，进行模拟操作，确保信号准确，并制定突发事件应急预案。

6. 构件机具和设备安装准备。构件安装顺序、连接方式及临时支撑和拉结，应保证具有足够的承载力、刚度和结构整体稳固性。吊装设备应完好，力矩限位器、重量限制器、变幅限制器、行走限制器、吊具、吊索等应符合相关规定。

7. 构件测量定位。每层楼面轴线垂

直控制点不宜少于4个，楼层上的控制线应由底层向上传递引测，每个楼层应设置1个高程引测控制点，构件安装位置线应设置两条。墙板安装前，应在墙板的内侧弹出竖向与水平安装线并与楼层安装位置线相符合。采用饰面砖装饰时，相邻板与板之间的饰面砖缝应对齐。

8. 构件试安装。应选择具有代表性的单元进行试安装。

9. 构件吊装：

1）构件起吊时的吊点合力宜与构件重心重合，可采用可调式横吊梁均衡起吊就位。

2）构件起吊时绳索与构件水平面的夹角不应小于45°。

3）构件吊装应慢起、快升、缓放。墙板就位宜采用由上而下插入式安装。吊装时，构件上应设置缆风绳控制转动，保证就位平稳。

4）构件吊装应及时设置临时固定措施。

10. 墙板安装：

1）临时斜撑和底部限位装置

（1）每件墙板安装过程的临时斜撑不宜少于2道，宜设置调节装置，支撑点位置距离板底不应小于板高的1/2，且不宜大于板高的2/3。

（2）每件墙板底部限位装置不少于2个，间距不宜大于4m。

（3）临时斜撑和限位装置应在连接部位混凝土或灌浆料强度达到设计要求后拆除；当设计无具体要求时，混凝土或灌浆料应达到设计强度的75%以上方可拆除。

2）叠合墙板安装。应注意不得割除或削弱叠合板内侧设置的叠合筋。

3）相邻墙板安装宜设置3道平整度控制装置，可采用预埋件焊接或螺栓

连接方式。

4）校核与调整：

（1）墙板安装平整度应以满足外墙板面平整为主。

（2）墙板拼缝校核与调整应以竖缝为主，横缝为辅。

（3）墙板阳角位置相邻板的平整度校核与调整，应以阳角垂直度为基准进行调整。

5）墙板采用螺栓连接方式时，吊装就位过程应先进行螺栓连接，并应在螺栓可靠连接后卸去吊具。

11. 构件连接。装配式建筑构件连接主要有以下5种方式：焊接、螺栓连接、套筒灌浆连接、钢筋浆锚连接和锥套连接。现以套筒灌浆连接为例，说明有关要求：

1）灌浆料应严格按配比要求操作，经搅拌均匀后，应静置3~5分钟，待气泡排出后方可施工，灌浆料流动度在200~300mm间为合格。

2）灌浆作业应采取压浆法从下口灌注，当浆料从上口流出时应及时封堵，持压30秒后再封堵下口。

3）灌浆作业应及时作好施工质量检查记录，每班组留置一组试件。

4）灌浆作业时应保证浆料在48小时凝结硬化过程中连接部位温度不低于10℃。

5）灌浆完成后24小时内禁止对墙体进行扰动。

6）待灌浆完成1天后应逐个对注浆孔进行检查，发现有个别未灌满的情况应进行补注。

7）监理人员应对灌浆操作全过程进行监控和记录。

12. 密封材料嵌缝：

1）密封防水部位的基层应牢固、干燥洁净。

2）嵌缝密封材料与构件组成材料应彼此相容。

3）采用多组份基层处理剂时，应根据有效时间确定使用量。

13. 成品保护：

1）施工完成后，竖向构件阳角、楼梯踏步口宜采用木条（板）包角保护。

2）现场装配全过程中，宜对构件原有的门窗框、预埋件等产品进行保护，质量验收前不得拆除或损坏。

3）外墙板饰面砖、石材、涂刷等装饰材料表面可采用贴膜或用其他专业材料保护。

4）楼梯饰面砖宜采用现场后贴施工，采用构件制作先贴法时，应采用铺设木板或其他覆盖形式的成品保护措施。

5）构件暴露在空气中的预埋铁件应涂抹防锈漆，预埋螺栓孔应填塞海绵棒。

（三）主要检测验收内容

1. 接头型式检验：

1）如下情况，应进行接头型式检验：确定接头性能时；灌浆套筒材料、工艺、结构改动时；灌浆料型号、成分改动时；钢筋强度等级、肋形发生变化时；型式检验报告超过4年[5]。

2）每种套筒灌浆连接接头型式检验的试件数量与检验项目应符合下列规定：

（1）对中接头试件应为9个，其中3个作单向拉伸试验、3个作高应力反复拉压试验、3个作大变形反复拉压试验。

（2）偏置接头试件应为3个，作单向拉伸试验。

（3）钢筋试件应为3个，作单向拉伸试验。

（4）全部试件的钢筋均应在同一炉（批）号的1根或2根钢筋上截取。

3）用于型式检验的套筒灌浆连接接头试件应在检验单位监督下由送检单位制作，并应符合下列规定：

（1）3个偏置接头试件应保证一端钢筋插入灌浆套筒中心，一端钢筋偏置后钢筋横肋与套筒壁接触；9个对中接头试件的钢筋均应插入灌浆套筒中心；所有接头试件的钢筋应与灌浆套筒轴线重合或平行，钢筋在灌浆套筒插入深度应为灌浆套筒的设计锚固深度。

（2）接头试件应按有关规定进行灌浆；对于半灌浆套筒连接，机械连接端的加工应符合现行行业标准《钢筋机械连接技术规程》JGJ 107-2016的有关规定。

（3）采用灌浆料拌合物制作的40mm×40mm×160mm试件不应少于1组，并宜留设不少于2组。

（4）接头试件及灌浆料试件应在标准养护条件下养护。

（5）接头试件在试验前不应进行预拉。

2. 灌浆套筒连接施工：

1）套筒灌浆连接应采用由接头型式检验确定相匹配的灌浆套筒、灌浆料。

2）套筒灌浆连接施工应编制专项施工方案。

3）灌浆施工的操作人员应经专业培训后上岗。

4）对于首次施工，宜选择有代表性的单元或部位进行试制作、试安装、试灌浆。

5）施工现场灌浆料宜储存在室内，并应采取防雨、防潮、防晒措施。

6）灌浆施工应按施工方案执行，并应符合下列规定：

（1）灌浆操作全过程应有专职检验人员负责现场监督并及时形成施工检查记录。

（2）灌浆施工时，环境温度应符合灌浆料产品使用说明书要求；环境温度低于5℃时不宜施工，低于0℃时不得施工；当环境温度高于30℃时，应采取降低灌浆料拌合物温度的措施。

（3）对竖向钢筋套筒灌浆连接，灌浆作业应采用压浆法从灌浆套筒下灌浆孔注入，当灌浆料拌合物从构件其他灌浆孔、出浆孔流出后应及时封堵。

（4）竖向钢筋套筒灌浆连接采用连通腔灌浆时，宜采用一点灌浆的方式；当一点灌浆遇到问题需要改变灌浆点时，各灌浆套筒已封堵灌浆孔、出浆孔应重新打开，待灌浆料拌合物再次流出后进行封堵。

（5）对水平钢筋套筒灌浆连接，灌浆作业应采用压浆法从灌浆套筒孔注入。当灌浆套筒灌浆孔、出浆孔的连接管或连接头处的灌浆料拌合物均高于灌浆套筒外表面最高点时，应停止灌浆，并及时封堵灌浆孔、出浆孔。

（6）灌浆料宜在加水后30分钟内用完。

（7）散落的灌浆料拌合物不得二次使用；剩余的拌合物不得再次添加灌浆料、水后混合使用。

7）灌浆料同条件养护试件抗压强度达到35N/m²后，方可进行对接头有扰动的后续施工；临时固定措施的拆除应在灌浆料抗压强度能确保结构达到后续施工承载要求后进行。

8）工程应用套筒灌浆连接时，应由接头提供单位提交所有规格接头的有效型式检验报告。验收时应核查下列内容：

（1）工程中应用的各种钢筋强度级别、直径对应的型式检验报告应齐全，报告应合格有效。

（2）型式检验报告送检单位与现场接头提供单位应一致。

（3）型式检验报告中的接头类型，灌浆套筒规格、级别、尺寸，灌浆料型号与现场使用的产品应一致。

（4）型式检验报告应在 4 年有效期内，可按灌浆套筒进厂（场）验收日期确定。

（5）报告内容应包括本规程附录 A 规定的所有内容。

9）灌浆套筒进厂（场）时，应抽取灌浆套筒检验外观质量、标识和尺寸偏差，检验结果应符合现行行业标准《钢筋连接用灌浆套筒》JG/T 398—2012 及本规程相关规定。

10）灌浆料进场时，应对灌浆料拌合物 30 分钟流动度、泌水率及 3 天抗压强度、28 天抗压强度、3 小时竖向膨胀率、24 小时与 3 小时竖向膨胀率差值进行检验，检验结果应符合《钢筋套筒灌浆连接应用技术规程》JGJ 355—2015 第 3.1.3 条的有关规定。

11）灌浆套筒进厂（场）时，应抽取灌浆套筒并采用与之匹配的灌浆料制作对中连接接头试件，并进行抗拉强度检验，检验结果均应符合《钢筋套筒灌浆连接应用技术规程》JGJ 355—2015 第 3.2.2 条的有关规定。

（四）工程验收资料

1. 工程设计单位已确认的预制构件深化设计图、设计变更文件。

2. 装配式结构工程施工所用各种材料及预制构件的各种相关质量证明文件。

3. 预制构件安装施工验收记录。

4. 钢筋套筒灌浆连接的施工检验记录。

5. 连接构造节点的隐蔽工程检查验收文件。

6. 后浇注节点的混凝土或灌浆浆体强度检测报告。

7. 密封材料及接缝防水检测报告。

8. 分项工程验收记录。

9. 装配式结构实体检验记录。

10. 工程的重大质量问题的处理方案和验收记录。

11. 其他质量保证资料。

八、中国装配式建筑的发展前景

借鉴国外发达国家装配式建筑的成功经验，结合中国行业发展现状和国家出台的相关政策，中国装配式建筑发展将迎来前所未有的发展机遇。一是形成领军的龙头企业，二是确立工程总承包的发展模式，三是形成通用体系，四是形成成熟的 SI 体系，五是向公共建筑、工业建筑领域拓展，六是全面应用 BIM 等现代信息化技术。

结语

大力发展装配式建筑已经成为中国的一项国策，必将迎来建筑业发展的新高度。鼓励各方积极参与装配式建筑，实行建筑设计、施工安装、部品部件生产标准化、精细化，是落实"工业 4.0"和"中国制造 2025"的重要举措，是建筑产业转型升级的突破口。中国大力推进装配式建筑发展，目前正在形成"政府引导，政策鼓励"，国家强力推动、地方政府积极跟进、社会各方热切响应的可喜局面，发展潜力无限。

参考文献

[1] 王佳琪. 建筑产业现代化与传统建筑模式经济效益比较 [J]. 福建建筑，2016(05)：75—77.

[2] 蒋勤俭. 国内外装配式混凝土建筑发展综述 [J]. 建筑技术，2010,41(12)：1074—1077.

[3] 宗和. 国务院力推建造方式改革——《关于大力发展装配式建筑的指导意见》的政策解读 [J]. 建筑设计管理，2016(11)：43—44.

[4] 赵林，修龙，蒋德英. 对装配式建筑发展的认识与思考 [J]. 建筑技艺，2016(08)：92—94.

[5] 武启明，王丁英，张聪. 装配式整体混凝土结构工程质量验收的相关问题解析 [J]. 天津建设科技，2016，26（04）：29—30+44.

H型构件水泥土搅拌墙质量控制与改进措施

田小明

上海宝钢工程咨询有限公司

摘　要：某基坑支护工程，围护墙采用三轴水泥土搅拌桩沉入预制钢筋混凝土H型围护桩构件（简称：H型构件）替代H型钢水泥土搅拌墙。监理参照相关规范，分析H型构件的主要工序，对成品H型构件质量、施工过程位置偏差等质量风险提出相应的质量检验标准、预控与改进措施咨询意见，得到采纳。实现对基坑支护结构围护墙质量的有效控制，保证施工阶段基坑支护结构和基坑周边环境的安全，取得预期效果。

关键词　H型构件　水泥土搅拌墙　质量控制　改进措施

一、工程概况和特点

某项目附建式人防地下室基坑围护工程，基坑开挖面积 $5957m^2$，基坑周长 535m，基坑开挖深度 5.75~6.95m，局部电梯井和集水井处落深开挖深度为 6.75~7.65m。基坑安全等级为三级，环境保护等级为二级。基坑支护结构体系选择在连续套接的 Ø850@600mm 三轴水泥土搅拌桩内，沉入 H650×300@600mm 强度等级 C50 预制钢筋混凝土 H 型构件，形成复合水泥土搅拌墙挡土截水结构。

该基坑工程周边环境复杂，平面布置不规则，场地狭窄，地下水位较高，周边建筑物、道路和给水、污水、雨水、电力、天然气、电信光缆等管线与基坑间距较近，以及施工场地机械回转条件、基坑的使用要求等因素，如果选

用可回收重复使用的 H 型钢，当拔起 H 型钢时，起重机械必须在地下室顶板占位，需要对地下室顶板采取加固措施，将增加成本投入，也会影响工期效率。应用 H 型构件水泥土搅拌墙，构件为工厂定型化生产，没有现场切割、焊接工序，进场直接沉桩，无泥浆、弧光、噪声等污染，占用施工空间少，对周边环境影响小，施工速度快、效率高。应用单节长度 ≤ 18m 预制 H 型构件，单节重量分别在 4.7~5.3t 之间，具有运输容易、起吊方便、成本较低等优点。施工时不受天气影响，可在雨天作业；因 H 型构件不再拔出回收，既不必涂装减摩剂、安排拔出后的空隙注浆填充等工序，也不必考虑起拔机械占位、起拔后对周边建构筑物的影响问题。

自然地面标高 −0.90m。基坑支护结构围护墙 H 型构件顶标高 −1.05m，构件

长度分别为 14.75m（底标高 −15.80m）和 13.25m（底标高 −14.30m）。基坑支护体系设置一道钢筋混凝土强度等级为 C35 的围檩支撑，围檩与 H 型构件桩顶端连接。

二、成品 H 型构件质量控制与改进措施

（一）确定进场成品 H 型构件质量检验标准

据构件图集指出按照《混凝土质量控制标准》GB 50164−2011 要求，进入工地现场除检查每段进场 H 型构件标识、桩身长度、生产日期、混凝土强度报告和厂家提供的"产品出厂合格证"外，成品 H 型构件质量的检验项目、检验标准和检验数量、检验方法等，由于没有针对性规范内容和检验要求，必须

逐项具体明确。

施工之前，监理参照《型钢水泥土搅拌墙技术规程》JGJ/T 199-2010[1]和《基坑工程技术规范》DG/TJ 08-61-2018[2]等相关条款规定，结合 H 型构件特征，分析进场成品 H 型构件质量控制要素和施工主要工序，明确进场成品 H 型构件外观和外形尺寸质量检验标准，把每一根进场成品 H 型构件质量控制关。

确定进场成品 H 型构件外观质量检验标准列于表 1。

H 型构件材质和截面特征与 H 型钢不同，确定外形质量检验允许偏差时，H 型构件必须标识醒目、编码唯一，防止不同位置的不同桩身长度施工时搞错。

确定进场成品 H 型构件外形尺寸质量检验标准列于表 2。

（二）建议 H 型构件截面配筋、加装护边角钢等改进措施

1. H 型构件截面配筋两侧一致

选用预应力钢筋混凝土 H 型围护桩预制构件，按照《混凝土 H 型围护桩构件图集》2016 沪 G/T-507[3]依据受力性能弯矩设计值，构件截面在迎坑面（坑内）的预应力钢筋规格数量大于迎土面（坑外）的预应力钢筋规格数量；H 型构件除桩尖和桩顶两端有区别外，桩身外观截面通长一样，仅桩身长度不同。在沉桩试验过程中，发现 H 型构件沉桩定位偏差较大、相邻 H 型构件浮起纠偏困难时，必须吊起 H 型构件重新定位及沉桩。如 H 型构件上醒目标注的迎土面、迎坑面标识，被水泥土包裹污染无法辨识，将会危及围护墙施工质量，留下安全隐患。

为解决现场作业时难以区别 H 型构件迎土面、迎坑面配筋不同问题，监理向有关单位提出对 H 型构件迎土面、迎坑面的桩身配筋调整为两面的桩身配筋一致的建议，从源头避免现场作业时出现构件截面方向判断错误，保障了围护墙施工质量。

2. H 型构件两端四角加装护边角钢

施工过程中，针对桩身、桩顶或桩尖的磕损现象确实较多，运输、起吊过程作业防护措施不当，混凝土保护层剥落、露筋、磕损深度≥10mm 等构件外观质量缺陷问题，监理向有关单位提出 H 型构件在桩身两端 1m 范围内，四角加装护边角钢起防护作用的建议，避免脱模、运输、起吊、驳运等过程致桩身棱角磕损。

3. 部分 H 型构件预留测斜管安装孔

施工过程中，因 H 型构件预制时没有在桩身设置预埋件或预留孔，沉桩过程不利于安装绑扎用于固定基坑监测的测斜管，后续将增加监测测斜管的钻孔安装工序。遂向制作单位建议在 H 型构件桩身中部腹板位置，每隔 3~4m 预留 Ø30mm 孔洞，用于绑扎固定测斜管；但不必每根桩身都设，与现场测斜管布置需求呼应。

（三）进场成品 H 型构件质量控制措施

1. 成品 H 型构件吊运、分类堆放防护措施

H 型构件外观质量检验标准　　　　表1

序	检验项目	质量检验标准要求	检查数量	检查方法
1	粘皮和麻面	构件局部粘皮和麻面累计面积≤构件总表面积的0.5%（0.12m²）	每根	观察检查钢尺量测
2	桩身合缝漏浆	漏浆深度≤10mm，每处漏浆长度≤300mm，累计长度≤构件长度的10%；工厂对漏浆段修补	每根	观察检查钢尺量测
3	混凝土局部磕损	局部磕损深度≤10mm，每处面积≤64cm²（≤80mm×80mm）	每根	观察检查钢尺量测
4	内外表面露筋	不允许	每根	观察检查
5	表面裂缝	不得出现环向和纵向裂缝；但龟裂、浮浆层中的收缩裂缝不受限	每根	观察检查
6	断筋、脱头	不允许	每根	观察检查
7	内表面混凝土坍落	不允许	每根	观察检查

H型构件外形尺寸质量检验标准　　　　表2

序	检验项目	质量检验允许偏差	检查数量	检查方法
1	H 型构件标识	必须标识醒目唯一编码	每根	两端至少两处
2	H 型构件长度	±10mm	每根	用钢尺量测
3	H 型构件截面高度	+5mm	每根	用钢尺量测
4	H 型构件翼缘宽度	-2mm	每根	用钢尺量测
5	H 型构件垂直度	≤1/100	每根	用钢尺量测
6	H 型构件弯曲度	<0.1%L（L为构件长度）	每根	用塞尺量测
7	钢筋保护层厚度	+10mm，0	每根	用钢尺量测
8	构件外侧平整度	≤0.6mm	每根	用塞尺量测

监理对每批次进场成品H型构件在起吊和分类放置等过程检查，构件临时堆放场地预先压实平整，确保满足构件堆放承载力要求。起吊构件时，必须使用专用夹持器与桩身夹持部位尺寸相匹配，且保证有足够的夹持长度，避免桩身夹持部位混凝土被夹碎或滑动；吊起后，保证构件垂直，在驳运过程中不变形，注意构件不擦碰地面等任何障碍物。堆放作业时，要求构件按照吊钩朝上方向放置，严禁构件腹板平放起吊。构件短驳、起吊作业必须轻起吊、轻放置，要求每节桩身堆放必须设置垫块防止滑动或倾斜，防止构件碰撞和失稳滚落，禁止各桩身堆叠放置等引起碰撞损坏。为避免叠放堆垛和减少驳运次数，要求安排每批次进场桩身节数，与当天施工生产数量保持吻合。构件卸车临时堆放点与沉桩位置存在距离，要求按照桩身分类编码和施工顺序安排满足沉桩时最短距离驳运的需要等，落实构件驳运有效防护措施。

2. 成品H型构件外观和外形尺寸质量检验

监理组织有关单位按照明确的质量检验标准，共同对每段构件混凝土浇筑成型的密实性、整体性、麻面漏浆、表面露筋、表面裂缝、混凝土表面颜色的一致性等检验、检查，对桩身和桩端受撞击损坏部位露筋超标；桩身棱角磕碰致混凝土局部磕损体积 ≥ 64cm² 严重超标；部分构件桩身损坏体积过大，工厂自行修补后，致局部混凝土色差严重等不符合质量检验标准的H型构件，隔离标识，剔除退场，确认达到外观质量、外形尺寸检验标准要求后，方可进行H型构件围护墙施工，以消除危及基坑围护墙质量隐患。

施工过程中，之所以重视每根进场H型构件的质量控制，检查剔除不合格构件，是因为倘若H型构件外观质量缺陷超标，会降低围护结构的承载能力。在早期发现构件超标缺陷，避免开挖受力后变形，影响围护结构强度和刚度；围护体局部质量达不到设计要求，局部一根H型构件受力变形，致使原本连接为整体的围护结构出现薄弱点，影响整片围护体抵抗土压力和水压力基坑支护体系功能，从而导致局部渗漏、垮塌等质量缺陷，引发安全隐患。

三、沉桩过程质量控制与改进措施

（一）明确H型构件沉桩施工质量检验标准

施工之前，监理参照《型钢水泥土搅拌墙技术规程》JGJ/T 199-2010第6.2.7条型钢插入允许偏差和《基坑工程技术规范》DG/TJ 08-61-2018第9.4.17条插入型钢的质量检测标准等规定，结合H型构件工厂定型制作和截面特点，明确H型构件不允许没有长度标识，确保不同桩位不同长度不混淆；明确平行和垂直于基坑边线允许偏差，沉入必须采用可靠牢固的定位导向架，沉

入过程中采取保证垂直度、标高的措施；明确定做钢筋专用定位夹，对已沉好的H型构件以专用定位夹牢固连接，固定保证间距。H型构件施工质量检验标准列于表3。

（二）建议调整水泥土搅拌桩水灰比

施工开始阶段，当三轴搅拌桩施工完成后10~20分钟内沉入H型构件，发现利用H型构件自重沉入达不到设计标高；采取搅拌机头辅助措施下沉，才能达到设计标高。检查机械并经核查确认，水泥浆液配比由自动控制系统严格保证，浆液泵送量与搅拌下沉和提升速度、次数相匹配，未出现夹心层或断浆等异常情况。

基坑支护三轴水泥土搅拌桩深度在黏性土范围。参照《型钢水泥土搅拌墙技术规程》JGJ/T 199-2010第4.1.5条和《基坑工程技术规范》DG/TJ 08-61-2018第9.4.3条，水泥用量和水灰比应结合土质条件和机械性能等指标通过现场试验确定，并宜符合三轴水泥土搅拌桩材料用量和水灰比参考表的规定；对照该参考表，土质条件为黏性土时，单位被搅土体中的水泥用量 ≥ 360kg/m³ 时，水灰比1.5~2.0；要求依靠自重和必要的辅助设备可插入到位的前提下水灰比取小值。

H型构件施工质量检验标准　　　表3

序	检验项目	质量检验允许偏差	检查数量	检查方法
1	H型构件长度	不允许（不同桩位不同长度）	每根	观察构件标识
2	H型构件垂直度	≤1/200	每根	经纬仪测量
3	H型构件顶标高	±50mm	每根	水准仪测量
4	H型构件底标高	-30mm	每根	顶标高测算
5	H型构件平面位置	50mm（平行于基坑边线方向）	每根	用钢尺量测
6		10mm（垂直于基坑边线方向）	每根	用钢尺量测
7	形心转角∅	≤3°	每根	量角器测量
8	H型构件间距	±10mm	每根	专用定位夹

分析施工方案浆液水灰比≤1.5，偏小，因为预制混凝土H型构件表面干燥，吸水率较大，比采取减摩措施的H型钢摩擦阻力要大，构件自重沉入效果不佳。

为保证H型构件自重沉入质量控制效果，监理向有关单位提出将三轴水泥土搅拌桩水灰比调整为1.5~2.0，并保证水泥用量的浆液配比建议。通过调整水灰比的现场试验，水灰比为1.8~2.0，依靠H型构件自重沉入作业过程顺畅。经各有关单位共同确认，该参数作为指导三轴水泥土搅拌桩后续施工的依据。水泥浆液灌入量做到严格保证，水泥土现场见证取样，标准养护28天龄期水泥土无侧限抗压强度检测报告和现场钻芯取样桩身强度检测报告结果显示>0.8MPa，满足设计要求。

（三）H型构件沉桩施工质量控制措施

施工过程中，按照共同确定的H型构件施工质量检验标准，着重控制H型构件标识、桩身垂直度、标高和间距。监理组织有关单位检查测量等专业人员有效持证，核查经纬仪、水准仪、钢尺和量角器等年检校准证书有效，查证专用定位夹尺寸，明确工序质量检验项目、允许偏差、检查数量和检查控制方法，并向主要施工人员进行技术质量交底，形成"H型构件施工技术质量交底记录"。

施工时必须注意参照《型钢水泥土搅拌墙技术规程》JGJ/T 199-2010第5.4.3条"严禁采用多次重复起吊型钢并松钩下落的插入方法"，结合H型构件截面特征，防止沉桩偏位歪斜，破坏围护桩身及基坑支护结构的完整性、连续性。H型构件就位后，通过三轴搅拌机架定位装置控制，依靠构件自重沉入搅拌桩内；当靠个别构件自重沉入达不到设计标高时，采取搅拌机头辅助措施下沉达到设计标高。H型构件沉入过程中，做到搅拌桩施工完成后30分钟间隙时间内沉入H型构件，沉桩过程必须随时观察，及时调整H型构件在平行与垂直基坑边线两个方向的定位误差和垂直度误差。

在三轴水泥土搅拌桩沟槽垂直和平行方向，设置一组牢固的定位钢支架，用于固定H型构件施工沉入的具体平面位置与方向。定位钢支架必须准确固定，平面定位允许偏差平行基坑边线50mm和垂直基坑边线10mm，并校正其水平度；将H型构件顶部中心对准桩位中心并沿定位钢支架同步使用经纬仪或线锤控制H型构件沉入的垂直度。验证达到垂直度标准要求后，H型构件徐徐垂直沉入水泥土搅拌桩内，利用事先标记好的标识，复核控制H型构件桩顶标高。

结论

为保证H型构件水泥土搅拌墙工程质量，监理协调明确H型构件外观质量、外形尺寸质量和施工质量检验标准，确保构件外观质量、外形尺寸和施工质量得到有效控制。实施过程中，监理针对H型构件截面配筋、预留测斜管安装孔、两端四角加装护边角钢等提出改进措施建议并得到响应，使得有关单位从制作、运输、堆放等源头落实改进桩身的防护措施，确保有效控制H型构件质量，符合成本、工期需求；H型构件沉桩过程中，通过落实质量控制和水泥土搅拌桩水灰比调整等改进措施，顺利实现预期目标，取得很好的效果。

参考文献

[1] JGJ/T 199-2010 型钢水泥土搅拌墙技术规程 [s]. 北京：中国建筑工业出版社，2010.
[2] DG/TJ 08-61-2018 基坑工程技术标准 [s]. 上海：同济大学出版社，2018.

超长超大铸钢件在超高层结构中的应用

符韶春

上海建通工程建设有限公司

摘 要：结合湖南长沙世茂广场超高层写字楼工程核心筒加强层中铸钢件的应用实际情况，具体介绍了铸钢件的铸造工艺及质量控制要点，并说明该技术具有较好的实用性、优越性，是一种在建筑工程应用中值得推广的施工工艺。

关键词 超高层 铸钢件 质量控制 安装定位

前言

近年来，随着中国国民经济持续快速发展，高层建筑得到了迅速发展，尤其是近几年，兴建了很多超高层建筑。超高层结构体系广泛采用了中间核心筒与外围框架相结合的结构形式，通过设置伸臂桁架来协调核心筒与框架间的正常、地震工作状态的受力和变形。

与伸臂桁架相连段的核心筒竖向结构是受水平荷载最集中的部位，为有效提高核心筒结构整体抗侧刚度，抵消更多的水平荷载所产生的倾覆弯矩，需要对该段核心筒竖向结构进行设计加强处理。目前常采用的是增加竖向钢骨构件、增大钢筋混凝土构件尺寸、增加配筋结合的方式对核心筒加强层进行加固加强处理。

在核心筒加强层混凝土结构内设置铸钢件具有整体刚度性好，有效抵消、分散内核心筒的倾覆力矩，有效增大结构的抗侧刚度，减小结构侧移动，达到抗震性能要求。

一、工程概况

世茂广场项目位于长沙市建湘路与五一大道交汇处，地处市中心。工程地下4层，地上裙楼5层，塔楼72层，为一栋超高层写字楼和商业裙楼组成的城市综合体。建筑总高348.5m，总建筑面积约23万平方米。塔楼结构形式为混凝土核心筒＋外框钢管混凝土＋伸臂桁架结构，外框设有3道伸臂桁架。

在结构二十二层、三十八层、五十二层3个避难层位置分别设置2层高的伸臂桁架加强层，伸臂桁架斜杆采用屈曲约束支撑，支撑屈服承载力分别为25000kN、32000kN、35000kN。铸钢件（ZGJ）布设于加强层核心筒的4个角部，ZGJ1布设于86.470~104.570m，ZGJ2布设于155.970~170.650m，ZGJ3布设于216.770~234.870m。选用《铸钢节点应用技术规程》CECS 235：2008的G20Mn5QT高强度低合金材质，其力学性能不小于Q345GJDZ25钢，铸钢件通过调质处理不仅有较高的强度和韧性，而且具有良好的焊接性能，有利于现场的施工和焊接。

铸钢件最大长度为18.1m，直径Ø380mm，系国内超高层建筑中第一次采用。由于单根铸钢件贯穿4层，在不同轴线、标高位置分布若干连接牛腿。该铸钢件结构看似简单，但是对于铸造来说，380：18100=1：45的径长比，属于细长轴类铸钢件，在铸造的各个生产环节（模具、造型、浇注等）中都容易产生变形，且变形量难以预测，不仅影响钢柱的直线度，而且牛腿的标高、轴线也难以确保，从而影响铸钢件在现场的安装。

二、铸钢件工厂铸造质量控制要点

工厂加工质量控制要点：①制模；②造型；③冶炼（化学成分分析）；④热处理（力学性能试验）；⑤精整

（无损检测、补焊）；⑥成品终检（外观、尺寸）。

（一）制模

1. 模型制作。木模材料选择干燥的红松、优质的多层板和胶合板，防止模具的收缩和变形引起尺寸的变化。模型制作后依据产品图样和铸造工艺图，对模具平面度、表面粗糙度、芯头和芯盒的配合尺寸、工艺余量等进行检测。

2. 模型检验。对铸钢件各支管管口间相对位置根据角度换算成线性尺寸进行验证；必要时对铸钢件模具尺寸用样板进行检查。检查冒口、浇道等工艺措施是否按工艺图在模具上标示位置；对产品标识进行检查。

（二）造型

模型制作完成后进行造型处理。根据模型大小制作相应大小的砂箱，选用优质的4号石英砂（因普通黄砂在200℃以上会有爆裂，而钢水在1500~1600℃，造型体会被高温钢水击穿，因此选择石英砂，造型砂在高温下不变形不消失，具有高温抗衡能力），同时掺入耐火粘结剂、水玻璃（波美度不低于40°Bé）等分别搅拌成混制面砂、泥芯砂和背砂，并对各种型砂进行强度检测，符合工艺要求方可使用，要求面砂和泥芯砂强度≥1.1MPa，背砂强度≥0.55MPa。

造型好坏直接影响浇铸件质量，因此要求砂型无飞边、无毛刺、无缺陷，型腔内干净、干燥、硬化程度高，浇铸冒口位置、大小应设置合理，排气通畅，浇铸系统应根据铸件设置合理。造型时浇道的排设和冒口的摆放严格按照工艺图布置。面砂层厚度控制在10~15cm，舂砂要掌握适当的紧实度，确保型腔的强度，浇道和冒口四周的砂型要紧实，防止浇注时浮砂掉入型腔引起夹砂等铸造缺陷。泥芯制作时，为确保泥芯排气畅通并具有一定的退让性，视芯骨直径大小需要缠绕1~3道草绳。本工程的铸钢节点部分支管为活支管，造型时各支管需要设置排气通道并引出箱外。配箱时需要对照图纸检查产品的壁厚是否符合工艺要求，并确保使用的芯撑无锈蚀。合箱前检查型腔是否清洁，泥芯的排气是否畅通。合箱后砂箱紧固要可靠，防止浇注时出现抬芯和漏箱。

（三）冶炼和浇筑

在工厂采用碱性电弧炉氧化-还原法炼钢和精炼炉精炼钢水。炉料选用优质废钢、回炉料、合金元素、稀土和配碳生铁或配碳剂，严格控制残留元素。

1. 冶炼：经过熔化期、氧化期和还原期后即可准备出钢。

熔化期：炉料熔清后，充分搅拌钢液熔池，取1号样（熔清样）分析C和P含量，取样时应在熔池中心处舀取钢液，如含P过高，应放渣或扒渣，出渣后随即加入石灰和氟石造新渣。

氧化期：有效地脱P、清除钢液中的气体和夹杂物，将含C量调整到所要求的成分范围，提高钢液的温度。充分搅拌钢液，取2号钢样，分析C、P、Mn含量。

还原期：有效地脱氧、脱硫，取3号钢样，分析C、Mn、P、Si、S含量，并调整好钢液的化学成分和钢液温度，使之达到出钢的要求。

出钢：终脱氧后钢液温度符合要求，取4号圆杯样（此样可兼作成品样），检查钢液脱氧情况，准备出钢。出钢前钢包的耐火材料衬层须经充分干燥，并烘烤至暗红色。

钢液的温度控制：炉料熔清时，钢液的温度较低，在氧化期中提高温度，使钢液在氧化期末的实际温度达到或略高于（+20~30℃）钢液的出炉温度；还原期中基本上保持冶炼过程在钢液出炉温度条件下进行。如钢液温度稍低，可适当提温，但应避免在氧化期末钢液温度过低，而在还原期大幅度提温。

2. 浇注：浇注温度控制在1560±20℃。开始浇注时钢水流要小一些，浇注过程逐渐加大至全流，钢水上升到冒口颈时要缓流，再继续浇注到工艺规定的冒口高度，浇注中不能断流。浇注完后应立即往明冒口上加覆盖材料（碳粉）保温。待完全凝固后，松开砂箱的紧固螺钉，让其能自由收缩。浇注过程开始应立即在泥芯头和冒口的出气口引火，便于气体的顺利排出。

（四）热处理

铸件进行淬火+回火热处理，均匀钢的化学成分和组织，细化晶粒，提高和改善材料的力学性能，从而消除内应力和热加工缺陷，降低硬度，改善切削加工性能和冷塑性变形性能。

先将铸件以≤80℃/h升温至650±20℃，然后以最大速率升温至920±10℃的方式进行加热。升温至920±20℃时，即可进行保温（具体保温时间根据铸件的壁厚每小时25mm确定）处理。完成上述工作后即可出炉淬火。最后以≤70℃/h加热升温至620±20℃，而后保温（具体保温时间根据铸件的壁厚每小时25mm确定），进行回火处理。随炉冷却至250℃以下后，即可出炉空冷。

（五）精整

1. 打磨修补：砂眼、气孔、夹渣、夹砂、凹陷修补等。

2. 补焊：当铸钢节点的缺陷较深时，应去除缺陷后进行补焊。补焊应在最终热处理前进行，补焊前进行预热处理，预热温度 120~150℃，焊接过程中控制层间温度 150~200℃。工厂采用二氧化碳保护补焊，为防止出现气孔等缺陷，必须做好防风措施。焊后随即在表面覆盖石棉布保温，使之缓慢冷却。经热处理后重大补焊的铸件需进行不低于 550℃的回火处理，消除焊接应力。

需要补焊的铸件，补焊后将缺陷清除干净后应进行渗透或磁粉、超声波等无损探伤检查。不允许有影响铸钢件性能的裂纹、冷隔、缩松、缩孔等缺陷存在。

3. 无损检测验收：铸件超声波探伤在铸钢件管口 150mm 范围内按《铸钢件超声检测》GB/T 7233.1-2009 进行 100% 超声波检测，质量等级为 Ⅱ级；其他部位具备探伤条件的进行超声波探伤，质量等级为 Ⅲ级。无损检测前清除铸件表面锈蚀、油脂等影响检验效果的杂物。

（六）成品终检

最终出厂的铸钢件表面应清理干净，修整飞边、毛刺，去除浇冒口（火焰切割或碳弧气刨，表面平整光滑）、粘砂和氧化铁皮，热处理后要将氧化皮用打磨或喷砂的方法清理干净。铸钢件表面不得有裂纹、砂眼、气孔、夹渣、夹砂及明显凹陷等铸造缺陷。

三、铸钢件安装质量控制要点

（一）铸钢件进场堆放

1. 铸钢件运输

常用钢构件运输车辆按长度分为 13.5m、17.5m 两种，本工程铸钢件运输选用 17.5m 平板车，最大允许运输重量为 35t。铸钢件单支重量约 26t，一次

运输一支。由于单支铸钢件长 18.1m，超过平板车允许运输长度，需向政府机关申请办理超限运输证。铸钢件装车，应根据构件的形状进行合理摆放，采用垫木垫实，确保运输过程中不变形。还需绑扎牢靠，确保运输过程安全。

2. 构件进场

世茂广场地处市中心地段，受到交通管制，构件只能夜间进场。施工现场场地极为狭窄，铸钢件只能由建湘路大门进入施工现场，经临时施工道路运输至钢结构重型堆场区。铸钢件为超长构件，卸车时需要至少 4 点起吊，以确保铸钢件在吊装过程中不产生变形。卸车用吊装设备选用现场已有的 M600D 动臂塔吊以及租赁的一台 150t 汽车吊。

M600D 动臂塔吊在卸车工况下起重能力 25t，150t 汽车吊在卸车工况下起重能力 18.5t，（25+18.5）×0.75=32t >26.6t，26.6/2=13.3t<18.5×0.8=14.8t（25×0.8=20t），满足吊装要求。

铸钢件在 4 个方向存在长短不一的牛腿，需要设置支撑胎架以减少堆放时的变形，一支铸钢件配置 7 个标准胎架，支撑胎架形式同铸钢件拼装胎架。

（二）铸钢件吊装

1. 吊索选择

吊索选用 Ø30，6×37 的纤维芯钢丝绳，公称抗拉强度 1770MPa，钢丝绳最小破断拉力 526kN，钢丝绳的钢丝

破断拉力总和 526×1.226=645kN。

吊索受力计算公式：$N<[Fg]=\dfrac{\alpha \cdot Fg}{K}$

$[Fg]$——钢丝绳的允许拉力

Fg——钢丝绳的钢丝破断拉力总和

α——换算系数，0.82

K——钢丝绳的安全系数，作吊索用时取 6

最大的安装构件重量约 27t，采用 2 根钢丝绳 4 个吊点吊装，吊装角度按 60°考虑，则每根钢丝绳受力为 7.8t，即吊索安装时承受最大拉力为 78kN。选用 Ø30，6×37 的钢丝绳，则：

$$78kN <[Fg]=\dfrac{0.82\times 645}{6}=88.15kN,$$

满足吊装要求。

2. 铸钢件吊装措施

在铸钢件顶部焊接吊耳板作为铸钢件吊装用吊点。铸钢件最长 18.1m，直接用一台吊装设备起吊，铸钢件易变形，影响安装精度。在铸钢件中部设计第二个吊点，吊装过程中用 150t 汽车吊辅助吊装，减小铸钢件的变形量。

1）吊点安装。塔吊吊点设置在柱顶，汽车吊吊点设置在离柱底 6m 处。

2）两吊机同时起钩，离地 3m 后停钩。

3）塔吊匀速缓慢起钩，匀速缓慢落钩。铸钢件荷载逐步向塔吊转移，该过程要求在空中完成。

4）铸钢件荷载全部由塔吊承担。

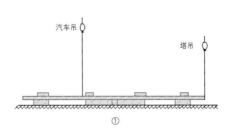
①

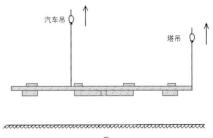
②

汽车吊松勾。

5.铸钢件运输至钢管柱顶部200mm，塔吊停机稳定。轴线对准后，将铸钢件插入钢管柱。

（三）铸钢件定位

依据设计图纸，铸钢件是直接插入混凝土中，没有任何固定措施。若依此，想要保证施工安全，需浇筑两层混凝土，方能拆除临时支撑，且铸钢件的定位精度达不到要求。若铸钢件定位不精确，其上与外框结构相连接的牛腿定位也不准确。经过技术部门的深化，采取铸钢件插入钢管柱内固定的措施。以第一道加强层施工为例，铸钢件定位施工流程如下：

在十八层墙柱上部预埋钢管柱埋件，安装钢管柱；浇筑十八层墙柱与十九层梁板混凝土。进行十九层核心筒钢筋、混凝土施工。

安装1号铸钢件，将铸钢件插入圆管柱内，临时焊接固定。安装斜向临时支撑，塔吊松钩。

（四）铸钢件临时支撑

由于铸钢件长达18.1m，伸入钢管柱内长度仅1.1m，不满足松钩条件。为

充分利用塔吊，不让铸钢件的安装定位占用太多塔吊时间，提早松钩，需采取临时固定措施。待铸钢件吊装就位，临时支撑未安装前，塔吊暂时不能松钩，斜向临时支撑采用桅杆吊安装。

桅杆基座采用H250×150×8×10型钢（总长25m）制作，桅杆采用Ø219×10无缝钢管（10m长3支，8m长2支，2m长1支），卷扬机起重能力为5t，钢丝绳采用6×37+1-170-17.5mm（总长140m）。桅杆采用M600D塔吊吊装至核心筒组装成型，临时支撑先由塔吊吊装至安装部位，铸钢件安装时再由桅杆吊装就位。铸钢件安装完成后，采用塔吊拆除桅杆。

四、安装精度控制

（一）加强层构件在出厂前，由驻厂人员对构件进行详细的检查，与深化图纸仔细核对，控制加工误差在允许范围内。

（二）安装过程中全程监测核心筒内外筒不均匀沉降，根据监测值微调构件尺寸，将不均匀沉降影响降至最低。

（三）钢结构安装以中心轴线均匀对

称向两边安装，确保结构几何尺寸准确，安装完成后再进行复测。

（四）根据厚板焊接工艺评定，确定厚板焊接的收缩量，在组对过程中预调整。

（五）测量控制点使用核心筒内部控制点，控制轴线采用激光铅垂仪从地面垂直引测。

结语

其他类似超高层结构，核心筒加强层采用的是钢板剪力墙结构，不仅消耗大量钢材，且模板的加固难度大，成为影响工期的主要因素。铸钢件的设置，不仅可以减小构件的截面尺寸，不需要设置整面钢板剪力墙，只需将铸钢件与型钢柱、钢板环带梁协同作业，便能极大地增加核心筒结构的抗侧刚度，满足抗震设计要求。

参考文献

[1] CECS 235：2008 铸钢节点应用技术规程 [s]. 北京：中国计划出版社，2008.

[2] GB/T 222-2006 钢的成品化学成分允许偏差 [s]. 北京：中国标准出版社，2006.

[3] GB/T 229-2007 金属材料夏比摆锤冲击试验方法 [s]. 北京：中国标准出版社，2007.

[4] GB/T 6414-2017 铸件 尺寸公差、几何公差与机械加工余量 [s]. 北京：中国标准出版社，2017.

[5] GB/T 7233.1-2009 铸钢件 超声检测 第1部分：一般用途铸钢件 [s]. 北京：中国标准出版社，2009.

[6] GB/T 9444-2019 铸钢铸铁件 磁粉检测 [s]. 北京：中国标准出版社，2019.

[7] GB/T 11352-2009 一般工程用铸造碳钢件 [s]. 北京：中国标准出版社，2009.

[8] GB 50661-2011 钢结构焊接规范 [s]. 北京：中国建筑工业出版社，2011.

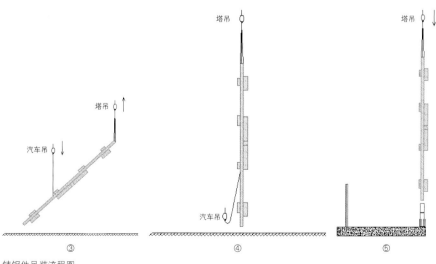

③　　　④　　　⑤

铸钢件吊装流程图

关于地铁项目土建工程监理工作的探讨

江西中昌工程咨询监理有限公司

引言

城市规模的不断扩大，对城市的公共交通提出了更高的要求，地铁就是充分利用地下空间解决城市出行问题的一种有效措施，具有运量大、能耗低、交通效率高、准时准点等优点。江西省南昌市自2009年开始建设地铁以来，公司就全面参与了南昌地铁各条线路的建设工作，本文主要结合监理部在南昌地铁项目建设中的一些监理工作实例，在对地铁项目土建工程简单介绍的同时，分享地铁项目工程监理创新管理工作的一些心得和体会。

一、地铁工程的特点

地铁建设工程与一般市政工程建筑工程相比，具有以下5个比较突出的特点。

（一）工程风险大

地铁工程基坑深度一般均会超过20m，会涉及各种管线、构筑物，周边建筑物众多，交通环境、社会环境复杂，极易发生各类事故。例如，公司监理的八八盾构区间，共需穿越19栋老旧建筑物。

（二）工艺复杂、难度大

地铁工程属于地下工程，围护结构可采用"地连墙、桩+高喷、SMW工法桩、咬合桩"等多种工艺，车站施工可采用明挖、盖挖逆作、盖挖顺作、半盖挖顺作等工艺，均要求监理人员对各项工艺、设备十分了解。

（三）交通疏解难度大

地铁工程一般位于城市中心区域，施工需占用城市道路，施工前必须进行交通疏解。

以公司监理的八一广场站为例，车站为十字换乘站，车站基坑位于南昌市中心的八一大道和中山路上，施工不能影响城市主要交通流量，因此施工期间共需经历9次大倒边施工，13次小倒边施工。

（四）管线迁改难度大

地铁工程一般位于既有道路上，附属结构出入口一般位于既有建筑附近及人行道位置，施工中涉及的各类管线（给水、雨污水、燃气、强电、弱电、军缆等）均需提前进行临迁或永迁，大部分管线还需回迁。

以公司监理的3号线火炬大街站为例，一期管线迁改费用就达到了3600多万。

（五）工程投资大

地铁是一项高投入的工程。公司的1号线监理3标段工程投资16亿左右，2号线监理3标段19亿，4号线监理2标段投资22亿左右。可以说投资在不断加大，同时工程标准也在不断提高。

二、南昌地铁项目土建工程的主要构成

（一）车站主体

主要包括车站、车站附属、区间隧道、区间联络通道四大部分。

（二）车站附属

车站附属分为有盖出入口和无盖出入口。

（三）区间隧道

区间分为盾构区间和明挖区间。

（四）区间联络通道

联络通道就是两条隧道之间的通道，采用冷冻法或矿山法施工。

三、南昌地铁项目土建工程主要施工方法简介

（一）车站施工方法

地铁车站按施工方法分为明挖、暗挖和盖挖。

根据施工的顺序又分为顺作和逆作。

1. 明挖法施工

明挖法分为放坡开挖和护壁支护开

挖两类。支护开挖一般是在围护结构施工完成后，先施做冠梁及第一道支撑，然后从上向下开挖，开挖过程按设计要求进行支撑架设，直到开挖至设计标高后，从下往上施工主体结构。

2. 盖挖法施工

盖挖法是由地面向下开挖至一定深度后，将顶部封闭，其余的下部工程在封闭的顶盖下进行施工。

1）盖挖顺作法

盖挖顺作法是在地表作业完成挡土结构后，铺设临时路面结构维持地面交通，往下进行土方开挖并架设支撑。然后由下而上施工主体结构。最后，根据实际需要拆除临时铺盖系统并恢复道路。

2）盖挖逆作法

盖挖逆作法是先在地表面向下做基坑的围护结构和中间桩柱，随后开挖表层土体至主体结构顶板位置，施工结构顶板后，以顶板作为路面系统和支撑，回填土后将道路复原，恢复交通。下部结构在顶板覆盖下，自上而下逐层开挖土方，并浇筑主体结构直至底板。

3）盖挖半逆作法

盖挖半逆作法与逆作法的区别仅在于顶板完成及恢复路面后，向下挖土至设计标高后先浇筑底板，再依次向上逐层浇筑侧墙、楼板。

3. 暗挖法

当不具备明挖条件或当车站埋置过深，采用明挖法施工很不经济时，可考虑采用暗挖法施工。

（二）区间施工方法

区间按工艺分为明挖法、暗挖法（矿山法）、盾构法等。

明挖区间的施工方法与车站施工一致；盾构法分为泥水平衡盾构及土压平衡盾构两种。

四、地铁工程的监理管理体会

经过在南昌几条线路地铁建设工作的不断摸索，公司初步总结了一些地铁项目监理管理的经验。

（一）标准化、精细化管理的重要性

地铁项目安全风险大、质量要求高、工期要求紧，需要监理人员对地铁建设的各阶段程序十分熟悉，能够对各道工序的质量进行严格管控，能够将各项安全管理工作落到实处。但地铁工程的站点多、战线长，需要的监理人员较多，而监理人员的水平、经验、责任心均各有不同。

为进一步提高监理管理水平，公司的经验就是全面落实监理管理工作的标准化。监理部目前已在公司《标准化管理手册》的基础上，从4个方面细化完善了《地铁项目土建工程监理部标准化管理手册》。

1. 细化管理流程，将每项工作落实到具体的岗位，具体的个人。这项工作的作用是让各岗位监理人员了解本岗位的各项工作及流程，熟悉本人的具体职责，最终做到人尽其责。

2. 细化各项表格、各项记录的填写标准。这项工作的作用是让各岗位监理人员熟悉各项内业资料的记录内容要点及填写要求，不但可以提高监理人员内业资料的填写水平，还便于开展内部考核评比打分。

3. 细化各岗位人员的日常监理工作内容，明确应形成的相关记录。这项工作的作用是让各岗位监理人员了解熟悉本岗位的日常工作内容，在工作中养成良好的行为规范，避免日常工作的疏漏。

4. 细化日常监理上报材料的标准，尽量保证日报、周报、月报、日志等记录的标准统一。这项工作的作用是尽量减少重复性的工作，减少各项定期上报材料的汇总工作难度，加快各项统计数据的整理。

（二）安全管理方面的心得

从2012年进场施工1号线监理3标段，到现在监理4号线土建监理2标段，已有6年多时间了，前后也经历了很多次大大小小的险情。安全管理方面，笔者的主要体会就是：监理应严格按设

1.3 监理部图纸管理制度

1、总监办的图纸台账登记

总监办收到图纸后，由资料员负责对图纸名称、图纸编号、存档份数、存档时间及电子版存档情况及驻地办领用情况进行记录登记，以便于工程后期进行图纸核对工作。

总监办图纸台账登记记录表

序号	图纸名称	图纸编号	份数	存档人	存档时间	电子版	备注
1						有	
2						无	
3						有	
…							

2、驻地办的图纸台账登记

驻地办每收到一份图纸，由专监助理（或驻地指定）负责将收到的图纸名称、图纸编号、存档份数、存档时间等情况进行登记记录。

驻地办图纸台账登记记录表

序号	图纸名称	图纸编号	份数	存档人	存档时间	备注
1						
2						
3						
…						

3、图纸台账的检查

总监办资料员负责每月对驻地办的图纸台账记录进行检查，检查结果计入月检查检查评分表中。

1.4.2 图纸会审工作的内部审批流转

驻地办收到总监办下发的施工图纸后，由驻地工程师对图纸问题及收集的施工单位审查意见进行初审，并将审核意见汇总、提交总监代表审核，总监代表签署审核意见后，提交"内部工作流转单"至总监，总监办各专业监理工程师签署审核意见后提交总监审核，最终完成审核程序。（监理部内部流转审查用表详见表1.4.2.1）

1.4.3 图纸会审会议

1、会议参会人员要求

参加人员：应包括建设、监理、设计、第三方测量、施工等单位的有关主管人员，监理单位一般由总监、总代、驻地、专监参加，具体人员在会议通知中进行确定。

2、会议的组织

（1）会议时间

设计交底与图纸会审在项目开工之前进行，开会时间由总监代表在收到总监办批复的"内部工作流转单"后，根据实际情况决定。

（2）会议组织

由总监代表负责填写"会议通知"，由总监办资料员负责具体通知事宜。图纸会审专题会议，由总监代表负责主持（根据目前实际情况，设计交底会议一般于图纸会审会议前后召开，一般由总监统一主持）。

（3）会议的记录

会议纪要由驻地工程师负责起草初稿，总监代表确认后报总监办盖章，总监理工程师必须对设计技术交底、图纸会审、会议纪要等进行签字、确认。

5、土建驻地（专业）监理工程师

6.1 日常工作内容

1、参与编制监理规划，负责本站点监理实施细则的编制、更新工作，定期检查本站点细则目录台账的更新工作。

2、全面负责本站点的监理工作，定期向总监代表汇报监理工作实施情况，负责编制本站点的监理周报、月报，并上报总监代表审查。

3、负责审查施工单位提交的本站点各项报审文件（人员、材料、机械、方案等），签署审查意见后报总监代表审核，并负责定期检查本站点台账目录的更新工作。

4、负责检查本站点进场的工程材料、构配件、设备的质量，签署报验资料。

5、负责本站点检验批、隐蔽工程的验收，安排指导监理员开展各项工作，组织安排专人进行监理旁站，组织本站点分项工程验收，参与本站点分部、子单位工程验收，负责相关验收材料的编制，并报总监代表审查。

6、负责本站点质量问题和安全隐患的每日巡查工作，负责本站点《监理日报》《监理日志》《安全巡视检查记录》《监测点巡视检查记录》等巡视检查记录的填写、检查工作，并填写监理日志中"进度、质量、安全"的相关评述。

7、负责本站点计量工作中的工程量复核工作。

8、负责本站点的图纸会审、工程变更的初步审查，并负责督促落实。

9、负责本站点的重大风险源巡视检查工作并记录巡视内容。

10、负责组织本站点的各项样板验收工作，参与本站点的各项条件验收工作，编写工程样板、条件验收等汇报材料。

6.2 日常上报工作

1、每日审查监理日报的内容，负责督促日报的每日上传工作；

2、负责督促内部群中：每日工作情况、验收情况、安全文明施工情况（现场安全作业、文明施工、安全用电、消防安全）、重大风险源巡视情况、旁站情况、质量安全问题的整改情况、监测点巡视检查情况等信息的及时上传；

3、负责每日上传本站点进度、质量、安全的情况综述；

4、督促监理员完成其他总监办要求上传的资料。

10、资料员（文员）

10.1 日常对内工作：

1、总监办范围：

（1）收集各单位下发的来文，做好目录台账、来文处理并及时收集归档；

（2）及时下发各单位文件、会议通知并督促、收集上报的各种资料；

（3）跟踪落实上级领导交给的任务；

（4）每月统计收发文情况，将统计表下发驻地办，月检中对登记情况进行检查；

（5）负责总监办日常办公用品的购买及维修。

2、驻地、专监范围：

（1）定期收集日、周、月报表，并记录好各驻地、专监上报情况并纳入考核；

（2）收集各驻地、专监下发的文件电子版（会议纪要、通知单、联系单等）；

（3）定期收集各驻地的日巡及监理日志归档；

（4）定期检查资料室各资料归档情况。

3、公司范围：

（1）每月20号之前上交考勤、补贴报告、补贴说明、辞职报告、岗位异动、发票等；

（2）每月25号之前上报在建工程资料清单，单月还需另上报项目检查相关资料；

（3）每月10号收集简报。

10.2 日常对外工作：

1、负责接收业主、公司来文，并将文件在内部群进行通报；

2、按时报送各单位要求上报的定期、不定期的资料，详见1.17.2。

计及规范的要求管控，必须严格执行各项安全管理程序，一定不能怕麻烦，不能有侥幸心理，才能确保安全可控。

案例一：八一广场站至八一馆区间下穿老旧房屋

1号线八八区间共下穿、侧穿了19栋老旧房屋，税务局住宅楼为第一栋下穿建筑。为保证安全穿越，公司先请鉴定单位对房屋进行了模拟稳定验算及结构安全性评估鉴定，并根据验算及鉴定结果，对房屋基础进行了专项加固。盾构正式下穿前，采取的措施有：对房屋内人员及重要财产采取了临时搬空措施；盾构下穿施工过程中使用进口液态高分子聚合物，在掘进过程中利用配套

设备直接注到螺旋输送机进土口位置，防止喷涌；在房屋周边布设了降水井；施工中严格控制出土量（每环称重），避免超挖；增加监测的频率；加强同步注浆及二次补浆管理，严格控制沉降值；根据盾构掘进情况，提前进行地质雷达扫描，在地面钻孔，探明是否有空洞；严格执行各项条件验收工作等。

在采取以上各项措施后，八八区间盾构顺利穿越了含税务局住宅楼在内的19栋房屋；盾构穿越后，地表最大累计沉降为－3.6mm，建筑物最大累计沉降为－1.8mm，根据盾构穿越后对房屋进行二次鉴定的鉴定报告和评估报告，盾构穿越后未改变房屋现状。

案例二：彭家桥站至师大站区间下穿彭家桥

彭家桥总宽49.2m，全长38m，由2跨12m钢筋混凝土板拱及一座红岩石材料砌筑而成的实腹式拱桥组成，石拱桥建于20世纪50年代末期，钢筋混凝土板拱桥建成于21世纪初期；桥台下部桥基础底端距隧道顶仅4.7m，盾构下穿该地质为砂砾层。彭家桥中间分隔带还架设有直径1.2m的自来水管，水管跨中设置混凝土支撑，直接与河床垫层接触，抗沉降能力差，且钢管长达26m，整体性不强。2010年江西省交通设计研究院对桥梁出具的桥梁检测报告注明"石拱桥主圈底部表面多处渗水、白色物质析出、

部分裸石及砌石外露等病害。经综合计算 BCI 值为 69.32，为 C 级桥梁，接近不合格状态，应进行专项检修。"

由于北京路是南昌市的主干道，盾构穿越期间必须保证交通不受影响。因此，施工前首先对桥梁的整体外观、周边构（建）筑物、管线、桥面及基础裂缝等情况进行了影像采集，对桥梁作了针对性的专项保护方案，对盾构下穿采取了数字化模拟。

1. 对隧道上部范围内影响的土层及桥梁基础进行双液静压注浆加固，以提高桥梁基础底土体的整体性。

2. 对盾构通过影响范围内（40.2m 宽）河床浇筑 30cm 厚钢筋混凝土进行固结处理。并布设了预埋袖阀管，盾构下穿过程中根据监测数据进行袖阀管跟踪注浆。

3. 在彭家桥石拱桥部分拱圈内搭设满堂脚手架，纵横间距为 900mm×900mm，避免桥梁在沉降过大时发生垮塌事件。

4. 掘进过程中严格控制各项参数，土仓压力设定为 0.08~0.1MPa，掘进速度控制在 20~30mm/min，刀盘转速 1.0~1.1r/min，总推力控制在 1500~1800t，刀盘扭矩控制在 3200~4000kN·m，每环的出土量控制在 38~41m³。同步注浆每环注浆量控制在 4~5m³，压力控制在 0.25~0.3MPa 之间，二次注浆注浆压力控制在 0.3~0.5 MPa。

采取以上措施后，下行线盾构下穿后，累计最大沉降 −5.6mm，穿越后经洞内二次注浆，沉降数值基本趋于稳定。上行线盾构二次穿越桥梁后，桥面累计最大沉降 −7.8mm，穿越后采取二次注浆措施，沉降数据基本趋于稳定。

案例三：八一馆站地连墙钢筋笼吊装

八一馆站 3 号线部分的 34 幅地连墙，钢筋笼长度 30m，重量 27~30t，部分钢筋笼还需通过中山路。为保证安全，每幅钢筋笼吊装前，监理均需对施工单位主要管理人员及专职安全人员到位情况进行检查，并上报在工作群里作为吊装的开工条件。从 2017 年 3 月开始，至 2017 年 11 月 7 日顺利完成了最后一幅地连墙的钢筋笼吊装工作。

只要不怕麻烦，严格遵守各项规章制度，事前考虑充分，事中认真负责，安全工作是有保证的。

（三）充分运用各种技术手段的心得

目前各项新型技术日新月异，监理工作也要与时俱进。各种技术手段使用，可以极大地方便监理的现场管理，加强监理管理水平。

1. 航拍技术的运用。4 号线已经开始采用航拍技术，每月对现场实际情况进行摄像、留影，建立现场景观设施、苗木等资产清单，直接记录工程进展，加强进度管理的直观性。

2. 充分利用三维效果图直观评估场地建设、布置是否满足文明施工标准化的要求，并采用航拍技术对场地布置定期进行总体检查核实。

3. 手机 App 信息化手段动态监控施工现场情况，开展隐患排查治理及技能学习，适时掌握信息。目前南昌地铁已经逐步实现了隐患排查、盾构等重大风险源的实施跟踪管控。

4. BIM 技术的应用成果。公司在 2015 年就成立了 BIM 技术中心，在监理的南昌地铁 1 号线八一馆站就开始了 BIM 技术应用的探索工作，包括方案优化、施工模拟、机电安装、运营维护等 BIM 技术应用，目前 4 号线已经准备将 BIM 技术应用推广至项目的全过程。

（四）文明施工管理方面的心得

目前，工地现场文明施工的要求越来越高，南昌地铁已经编制了专项的文明施工标准化手册。监理在日常工程中也必须加大文明施工的管理力度。督促建立监控中心，现场实时显示施工基本信息，通过手机实施监控现场情况，督促施工单位采用多种举措严格控制文明施工，确保现场整洁有序、安全可控，现场采用定型化护栏、定型化作业通道、定型化电缆支架、定型化轴力计保护，以及夜间反光带保护等保障安全。

（五）质量管理方面的心得

1. 全面推行样板引路管理，对各种工序均开展实物样板，并组织实物交底与学习。

2. 全面推行定型化的大模板，确保工程质量和安全。

3. 全面推行工厂化加工，确保工程质量和安全。

（六）公司集团化管理方面的心得

公司拥有员工 1000 余人，其中国家注册监理工程师 115 人，公司全资控股子公司有江西中昌建筑规划设计院有限公司（建筑设计甲级）、江西中昌桩基检测有限公司、江西中昌工程造价咨询有限公司等 4 个子公司，公司对监理项目实行三级管理（公司层级、部门层级、项目部层级），同时 4 家子公司在设计优化、重点难点技术处理、平行检验等方面都能提供技术支撑和技术服务。

框架梁水平加腋构造监理控制要点

刘钦

武汉华胜工程建设科技有限公司

一、工程概况

湖北省中山医院住院综合楼地上 22 层，地下 2 层，建筑高度 94.5m，结构形式为钢筋混凝土的框架-剪力墙结构，建筑结构安全等级为一级，设计使用年限 50 年，抗震设防烈度为 6 度，抗震设防类别为重点设防乙类，抗震等级为二级，根据《建筑抗震设计规范》GB 50011-2010 要求，本工程进行了抗震设计，其中就在抗震构造措施中要求了偏心梁进行水平加腋。

二、监理控制要点

（一）确认哪些梁需要水平加腋

在结构施工中，监理除了检查、验收结构平面的钢筋外，还应在绑扎钢筋前验收模板，根据《混凝土结构施工施工质量验收规范》GB 50204-2015 要求，模板作为一个分项工程，模板安装的偏差应符合设计、规范要求，模板安装更是监理工程师的验收重点，所以在检查、验收中，首先检查模板安装，而梁水平加腋首先要进行模板安装，正确的模板安装才能保证正确的加腋，因此第一步要确认哪些梁需要水平加腋，确认好后，再进行模板、钢筋安装。

根据《建筑抗震设计规范》GB 50 011-2010（2016 年版）版第 6.1.5 条要求，中山医院住院综合楼项目结构设计说明规定了当梁柱中心线的偏心大于该柱方向的 1/4 时设置梁水平加腋。如果在设计图中未标注梁水平加腋具体位置，就需要监理工程师在隐蔽验收前将每一个梁柱节点进行偏心距计算，大于该柱方向柱宽的 1/4 时，就需要加腋，标注在图纸上。对照计算、标注的图纸，监理工程师就可以在现场检查施工单位的模板安装情况，查看是否在该加腋的位置安装了模板。一般柱子截面尺寸越大，梁不在柱中，梁均需要加腋。在施工现场，施工单位为了节省时间或加快施工进度，在安装模板时容易忽略加腋或不进行计算，监理人员应及时检查和控制。中山医院项目的设计单位在结构平面图中已画出梁加腋示意图，施工单位可根据示意图进行模板安装，监理工程师也可以根据图纸进行现场检查、验收模板安装情况，查看施工单位是否按图纸进行加腋的模板安装。

中山医院项目施工单位按照结构平面图中加腋示意图进行了模板安装工作，加腋的模板安装位置均符合设计要求，但是加腋模板安装的长、宽尺寸却不符合设计、规范要求。未按设计要求进行计算，仅仅用 CAD 将平面图进行测量，简单地将尺寸测出，就组织施工，导致加腋尺寸错误。所以第二步计算梁水平加腋尺寸非常重要，监理工程师应掌握。

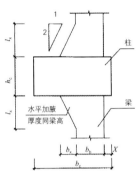

梁水平加腋示意图

（二）计算梁水平加腋平面尺寸

在中山医院项目结构说明中，设计单位已说明梁加腋构造详见《建筑物抗震构造详图（多层和高层钢筋混凝土房屋）》11G329-1，第 32 页，此图集将加腋计算方法详细给出，施工单位只要根据方法就可以得出加腋模板安装尺寸，可能由于粗心没有看到这个内容，施工单位并未按此方法计算，才导致了加腋模板安装尺寸错误。下面介绍一下梁水平加腋尺寸计算方法。

1. 参数介绍

b_c——梁加腋方向的柱宽

b_x——梁加腋宽（梁边到加腋边距离）

b_b——梁宽

x——梁到柱边距离

l_x——梁加腋长（加腋幅度起点至柱边距离）

h_c——柱另一边宽度

参数对照上图。

2.参数计算

根据以上参数及规范要求，梁水平加腋平面尺寸应同时满足以下要求：

1）加腋厚度同梁高；

2）$b_x/l_x \leq 1/2$、$b_x/b_b \leq 2/3$、$b_x + b_b + x \geq b_c/2$。

监理工程师应根据以上计算参数，将每一个梁水平加腋尺寸计算出来，对照现场模板安装尺寸进行逐项测量、检查和验收，这个过程非常重要，监理工程师应全数检查。在中山医院项目结构施工时，施工单位在安装梁模板时就未进行计算，而是根据结构示意图尺寸进行施工，未根据设计要求逐向计算加腋尺寸。示意图尺寸和规范要求尺寸其实相差很大，设计单位出的示意图仅作为位置标注，不能作为具体的施工尺寸，所以导致了现场梁水平加腋尺寸错误。所有尺寸未计算均按l_x=400mm，b_x=225mm施工，而根据规范计算规则可知，不同梁宽和柱宽会导致不同的加腋尺寸。比如，现场350mm的梁宽，1600mm的柱宽，梁水平加腋尺寸应为l_x=900mm，b_x=450（其中x=0）。

施工单位未计算尺寸，导致现场个别梁水平加腋尺寸比规范小一半，特别是项目截面尺寸为1600mm×1600mm的柱，加腋尺寸均偏小，形成了质量隐患。如果监理工程师也未计算，未及时发现，按偏小、错误的尺寸安装，后果不堪设想。在地震中该处节点抗震性将被削弱，梁、柱节点接触面变小，抗震性变弱，起不到抗震作用，可能给建设单位造成重大损失。笔者在现场发现后，立即要求施工单位停止模板安装，下发了监理通知单，并将计算方法和计算结果告知施工单位，同时和建设单位负责人、施工单位技术负责人沟通，要求立即整改，将偏小的

加腋模板安装进行拆除，重新按规范进行安装。最终施工单位积极进行了整改，设计单位得知后也为此下发了梁加腋平面尺寸说明，完善了设计要求。监理工作得到了业主的好评。

（三）验收梁水平加腋钢筋和构造

1.水平加腋部位配筋

监理工程师验收完梁水平加腋模板安装后，应准备进行梁水平加腋钢筋安装验收工作，除了钢筋牌号、规格、数量必须符合设计要求外，钢筋安装的加工和连接构造均要符合规范要求，因为此处为梁、柱重要节点，钢筋安装直接影响该处节点的抗震性，如果钢筋安装特别是构造未按规范进行，浇筑后的混凝土也处于薄弱环节，不仅没有起到节点抗震性要求，反而成为一个薄弱点，比如钢筋锚固不够长，地震时首先在梁柱交接点形成塑性铰，此时梁跨中的弯矩就会增大，造成梁的扰度和承载力下降，梁水平加腋就失去意义了。

现场梁水平加腋模板安装

根据《混凝土结构施工图平面整体表示方法制图规则和构造详图（现浇混凝土框架、剪力墙、梁、板）》16G101-1图集要求，当设计单位未给出配筋时，梁腋上下部斜纵筋直径应分别同梁内上下纵筋，水平间距不大于200mm，侧面纵向构造筋同梁侧面构造筋，箍筋规格及间距与梁端部箍筋相同。监理工程师可根据梁配筋图进行钢筋验收。

中山医院项目也是根据梁配筋图进行梁加腋配筋验收，施工单位均按图纸施工，符合规范要求。

2.水平加腋钢筋锚固、构造

监理工程师验收完梁水平加腋钢筋规格后，应重点对钢筋锚固和构造进行验收。根据《混凝土结构施工图平面整体表示方法制图规则和构造详图（现浇混凝土框架、剪力墙、梁、板）》16G101-1第86页"框架梁水平加腋构造"图可知（下图），梁腋斜纵筋伸入梁端长度应为l_{aE}（受拉钢筋抗震锚固长度），伸入柱端长度应和对面梁腋纵筋连通，加腋区箍筋应是梁端箍筋，为整箍，不应单独设置，侧面纵筋还应放拉钩，详见"1-1"。

参考文献

[1] GB 50011-2010建筑抗震设计规范[s]．北京：中国建筑工业出版社，2010.

[2] 16G101-1 混凝土结构施工图平面整体表示方法制图规则和构造详图（现浇混凝土框架、剪力墙、梁、板）[s]．北京：中国计划出版社，2016.

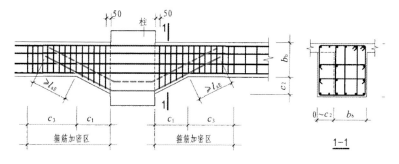

框架梁水平加腋构造

建筑幕墙施工监理技术总结

曹东志

北京赛瑞斯国际工程咨询有限公司

建筑幕墙工程从监理的角度，对招投标审批的技术文件及设计文件确定的材料样品进行审查，确保满足幕墙施工验收规范的技术指标，监督制作、安装施工，确保幕墙工程满足验收规范的质量要求，保证幕墙顺利验收。

一、材料验收

（一）材料样品

监理单位要求施工单位按照招投标的技术文件及批准的设计提供材料样品，根据样品检查是否满足招投标的技术文件、审批的设计图纸及验收规范要求。首先具体要求如下：①验收预埋件材料（平板型），根据已批准的设计图纸尺寸量测锚板边长允许偏差为 ±5mm；锚筋长度允许偏差为 +10mm，不允许负偏差；圆锚筋的中心线允许偏差为 ±5mm。②玻璃幕墙的连接件、支撑件的验收符合《玻璃幕墙工程技术规范》JGJ 102-2003 规定，连接件、支撑件外观应平整，不应有裂纹、毛刺、凹凸、翘曲、变形等缺陷。

1. 连接件、支撑件加工尺寸允许偏差应符合下列数值：

连接件高 a，允许偏差 +5，-2（mm）；
连接件长 b，允许偏差 +5，-2（mm）；
孔距 e，允许偏差 ±1.0，0（mm）；
孔宽 d，允许偏差 +1.0，0（mm）；
边距 e，允许偏差 +1.0，0（mm）；
壁厚 t，允许偏差 +0.5，-0.2（mm）；
弯曲角度，允许偏差 ±2°。

根据《玻璃幕墙工程技术规范》JGJ 102-2003 规定标准对连接件、支撑件样品进行验收。

2. 铝型材

本工程玻璃幕墙常用的型材是铝合金构件，按《玻璃幕墙工程技术规范》JGJ 102-2003 规定的标准进行样品验收：①横梁长度偏差为 ±0.5mm，立柱长度允许偏差为 ±1.0mm；②端头斜度的允许偏差为 -15°；③截料端头不应有加工变形，并应去除毛刺；④孔位的允许偏差为 ±0.5mm，孔距的允许偏差为 ±0.5mm，累计偏差为 ±1.0mm。

3. 玻璃

本工程雨棚、汽车坡道雨棚玻璃常用夹胶玻璃，立面为单片玻璃，明框幕墙常用中空玻璃，夹胶玻璃、单片钢化玻璃、中空玻璃共尺寸允许偏差均按《玻璃幕墙工程技术规范》JGJ 102-2003 表 9.4.1-1、表 9.4.1-2、表 9.4.1-3 进行验收样品，提供玻璃样品时，监理人员除了对各种玻璃尺寸验收外，还要对各种玻璃检查侧棱是否细磨，外露玻璃的边缘是否精磨。

4. 明框幕墙

明框幕墙组件，主要检查验收型材槽口尺寸、组件对边尺寸差、组件对角线尺寸差。相邻构件装配间隙及同一平面度的允许偏差，装配间隙 ≤ 0.5mm，同一平面度差 ≤ 0.5mm，本工程常用于中空玻璃，玻璃厚度为 8mm 双银 Low-E+12A+5mm/1.14PVB/5mm 三钢化中空夹胶玻璃。

明框幕墙玻璃下边缘与下边框槽底之间应常用硬橡胶垫块衬托，垫块数量应为 2 个，厚度不应小于 5mm，每块长度不应小于 100mm。

二、安装施工前验收

（一）验收主体工程是否符合施工质量验收规范的要求，随主体结构预埋板是否符合幕墙设计要求。

（二）安装施工前必须按审核幕墙审核组织设计批准后，按施工组织设计组织施工。

（三）进场安装的幕墙构件及附件的材料品种、规格、色泽和性能，必须符合设计要求，与验收合格的样品材料保持一致。

（四）对每批次的幕墙构件及附件的材料进场，首先根据施工单位申报材料报验单，对报验单材料品种进行验收，验收的过程如下：

1. 验收材料品种、规格、色泽和性能是否满足设计要求及是否与样品一致。

2. 用量测工具实测构件尺寸是否满足设计及是否与提供的样品一致。

3. 外观检查色泽是否与样品一致。

4. 性能检查是否与设计要求一致。

（五）测量放线监理技术控制要点：

1. 监理人员熟悉图纸，主要针对幕墙施工图，对土建建筑结构施工图也需要掌握，主要掌握立面变化的位置，标高变化的特点。对幕墙图纸要全面熟悉掌握。

2. 测量前对水平仪、经纬仪、激光全站仪、钢卷尺等测量设备进行验收（报验制）合格后方可实施测量。

3. 测量结果验收

1）验收土建结构标高的正确性

标高测量误差检查：层与层之间≤±3mm，总标高≤±20mm。

2）验收土建基准点、线的闭合正确性

3）验收关键层、基准轴线、关键点正确性。

关键层选择原则：①要具备纵观全区域的特征，此层所放的线具有可测量性和可控性。②在立面变化复杂的上、下层。③每个复杂立面层。④可影响周围环境的层次。

（六）安装阶段测量控制

1. 本工程造型复杂，精确的测量是确保本工程质量和工程施工进度的关键。监理人员根据审核通过的设计图及现场施工安装图，对现场各幕墙项目分格及定位的放线工作进行旁站跟踪检查验收。

2. 竖梁定位放线

1）监理人员在施工前对图纸进行全面掌握，弄清整个位置的主导尺寸以及整个建筑设计的风格。

2）施工前，督促施工单位对资料进行报验。对操作人员必须进行安全教育及技术交底工作，以及特殊工种人员证件报验工作；工器具必须进行设备报验工作；材料进场后必须进行材料报验及现场验收工作。

3）在关键层上找出所有定位点进行验收，验收原则为以下几点：定位点误差必须足够小，固定点所用材料应无明显塑性变形，固定必须牢固、稳定。

4）验收水平度，检查标准误差≤1mm。

5）验收前水平分割正确性

①按图纸分隔；②明了定位轴线与分割线的关系；③检查定位轴线的正确位置；④检查水平分割的正确性检查标准，误差＜2mm。

6）检查垂直度。

7）测量放线报验，经审批完成后可进入安装阶段。

三、安装施工

（一）后补预埋件监理要做的工作

1. 结构检查：①混凝土密实度②对埋件进行拉力、剪力、弯矩的测试及验收③结构偏差。

2. 后补埋件位置的检查

监督施工单位是否依据某一轴线为检查起始点，进行后补埋件施工。要求施工单位记录施工及检测结果。

监理根据后补埋件的编号图逐个进行检查，要求施工单位将每一编号与后补埋件相对应并记录下来，反馈给设计单位进行分析。

3. 后补埋件施工方案审批

审批内容：①后补埋件的安装位置是否符合设计要求，②埋件的表面平整度是否影响支座的安装检验标准：a. 埋件平面位置偏差允许±20mm；b. 标高偏差±10mm；c. 表面平整度≤5mm。

4. 督促施工单位将化学螺栓呈送有关部门作物理性能测试以及拉拔试验，待各项指标出来后，报监理审批，合格后再进行现场施工。

5. 后补埋件偏位采用化学螺栓锚固，施工过程中，监理人员必须严格按照厂家的标准要求进行监督。

6. 监督化学反应时间

温度（℃）	-5~0	0~10	10~20	20~40
凝固时间（分）	60	30	20	8
硬化时间（分）	300	60	30	20

（二）幕墙连接件安装

1. 连接件安装监理要做的工作

1）熟悉图纸，了解并掌握设计变更。

2）控制对照竖梁垂直线，竖梁的中心线也是连接件的中心线，检查标准偏差＜2mm。

3）监督拉水平线控制水平高低及进深尺寸。

4）点焊：控制焊点面≥2点，检查焊工技术操作证，保证点焊的质量。

5）验收检查：对初步固定的连接件按层次逐个检查施工质量，主要检查三维空间误差，垂直误差＜2mm，水平误差＜2mm，进深误差＜3mm。

6）加焊正式固定（满焊），主要检查连接件的两边是否满焊。

7）验收：监理单位总监组织有关人员进行验收。

8）防腐：监理人员监督是否按以下步骤施工。①清理焊渣；②刷防锈油；③刷防火漆。

（三）骨架安装

监理组织有关人员对埋件进行验收，检查无误后即可安装骨架，先安装竖框，并以竖框定位，安装横框。

1. 基准框架

每个立面各选择4根基准框，基准框必须保证位置，垂直度、水平高度绝对准确，立好后监理要到现场进行复检，符合设计和施工规范要求后，施工人员依次安装其他框架。

骨架与主体由竖框通过转接钢角码与埋件和主体连接，钢角码与竖框接触面用尼龙垫隔开，防止不同金属间的电位腐蚀。转接钢角码与预埋件用螺接的方式连接起来，先预拧紧，再调整，调整准确后再拧紧。

2. 竖框与横框的连接

竖框与横框之间通过芯件连接起来。重点检查横框外表面与竖框基准面外表面是否在一个垂直平面上，检查横框的水平度（水平仪）。

（四）玻璃板块的安装

本工程玻璃幕墙结构采用压板定位，安装玻璃板块前需将玻璃外侧的铝合金装饰条支撑架固定到幕墙龙骨上，待玻璃板块安装完成后再进行铝合金装饰条安装。

（五）密封打胶

验收外玻璃板块之间的距离及平整度。符合要求后，连接缝处填塞与接缝宽度相配套的泡沫条，并保证均匀连接且深度一致，胶面厚度均匀可靠，满足《玻璃幕墙工程技术规范》JGJ 102-2003 的要求。

注胶之前，监理验收密封胶与饰面材料之间的相容性实验报告，符合要求后，开始注胶。

修胶。监理人员观察、检查胶缝表面是否光滑、平整、均匀。

清理。撕去注胶用的胶带，进行饰面清洁。

四、工程安装竣工前的最终验收程序

1. 所有分项、分部工程全部完工并达到合格质量标准。

2. 验收质量凭证、原始记录、工程报验资料。

3. 竣工检验所用的检验设备、量具、仪器、工装和仪表，符合要求。

4. 整理竣工档案资料，存档。

施工监理过程中BIM技术的应用

宋海马

山西省煤炭建设监理有限公司

一、BIM 在施工监理过程中的优点

工程监理是以建设单位要求为依据，以工程建设的各种文件、法律法规、技术标准以及设计图纸为准则，从质量、投资、施工进度以及工程安全各方面对整个项目实施监督管理。

（一）工程信息完备性

BIM 技术提供的信息模型能够涵盖工程设计的所有信息，信息完备化程度更高。BIM 提供的不仅有工程的 3D 几何信息，还有工程材料、施工工序以及施工成本等的信息描述。

（二）工程信息共享性

BIM 能够有效地统计并分析工程的所有信息，以文档的形式存储下来，施工过程中，某个工序的变化，都会引发所有数据的变化，根据这些变化可以随时更新数据，从而使工程信息模型始终保持完整。

（三）工程信息一致性

BIM 技术保证了工程设计各个阶段所使用的信息都能够一致，避免了数据输入的重复性。一旦数据发生变化，信息模型也会发生变化，根据相应的变化改变模型即可，而不需要再重组模型，避免了在重组过程中出现信息错误。

二、BIM 技术在施工监理中的应用内容

（一）审核工程的标准性及规范性

监理行业的工作依据就是各类法律法规以及标准规范，BIM 技术下的监理工作同样是依据标准规范。BIM 标准规范尚未实现统一，存在标准不一的问题，由于强制性规定的缺失，多数软件并不具备协同工作的条件，只能根据各个项目自身的 BIM 目标为依据进行审核。BIM 技术的发展正在推动着 BIM 标准的建立，工程监理方在监理工作中将根据标准中提供的交付深度、形式、信息以及文件格式等信息进行管控。

（二）审核设计方案的经济性及可行性

使用 BIM 技术建立建筑模型，使建筑能够提前"实体化"。设计、招标过程中，监理方可以和建设方协同，对设计模型进行经济性、可行性、安全性和完善性的比较，选择最合乎要求的设计方案。施工开始前，双方还可以根据 BIM 中的内容，对工程在施工阶段可能会发生的问题进行预测及分析，提前发现设计方案中可能存在的"错漏碰缺"问题，对这些问题提前进行预控，并协助建设方在招标文件的编制上更有针对性。使用 BIM 技术，监理方能够更优质、全面地为建设方提供咨询服务。

（三）合理规划施工使用场地

施工方根据模型对施工场地进行规划，监理方要对这些规划进行审核。施工方在模型中会对现场使用情况进行模拟，合理地布置施工区和生活区，施工现场还要区分加工区、材料堆放区，并布置临时道路，这些场地的布置方案都要达到最优化和使用效率最大化，避免材料二次倒运，增加不必要的费用。施工场地的使用也要由监理进行审核，并根据模型对施工场地的使用规划进行监控，使每一场地的施工都能满足规划要求。BIM 技术使施工场地能够立体化、可视化地呈现出来，相关的要点和细节都能够提前进行设计，使工法样板能够不断完善，再根据样板要求现场人员进行施工，提高施工质量。

（四）有效对施工关键节点控制

BIM 技术使监理方能够有效地模拟工程中可能出现的复杂、关键施工节点

和技术，能够对施工方的施工技术和过程进行更为详细、可视化的要求。利用BIM技术，就能够模拟工程实物，并且根据施工进行详细的讲解，提前告知施工方施工质量的关键控制点和技术，有效地减少了监理工作量，协助施工方更优质地完成施工的关键节点。针对一些复杂、不标准的构件连接，监理方可以对施工方进行完全的技术交底，确保施工质量达到设计要求。

（五）进度控制

工程施工涉及多个部门、多个施工阶段，施工进度会受到各种复杂因素的影响，从而使施工进度与计划进度出现不一致。监理人员需要及时掌握施工最新进度，核对计划进度，总结进度不一致的原因，采取相应的措施以调整施工进度。BIM建立3D模型可以将计划进度和施工实际进度按照时间节点在模型中直观地展示出来，从而能够更方便地发现其中的偏差。

（六）质量控制

检验批作为监理对工程检查的最小单元，往往会存在需要多次验收的情况，一旦出现这种情况，监理方就不能对检验批整体的验收情况及时掌握，质量管理不能高效进行。通过BIM技术建立3D模型，将检验批的实际验收情况以不同的方式进行区分，监理过程中就可以及时将相关批次的验收情况进行有效地链接，在模型中将检验结果及时地展示出来。

质量控制的另外一个重要方式是事前预防，要以图纸的规范和标准，以及施工中的变更和相关文件为依据，通过3D模型的建立开展一些碰撞检验，提前

消除碰撞现象，根据检验结果还能有效地优化净空，避免各种构件之间出现矛盾以及管线排布的不合理，从而减少返工现象。

BIM的数据始终保持最新，相关各方都能从共享的信息中了解施工情况，监理根据施工情况能够更加快速、合理地进行决策，提升工程质量和效益。结合BIM技术的事前预防和施工关键点的有效监理能够使施工效率和质量都得到大幅提升。监理对施工现场安全的检测，能够通过安全监控系统、P-BIM、互联网、现场监控视频，将施工管理内容进行集成处理，对施工的关键节点进行重点监控，观察其中的应力和变形问题，从而防范施工危险，使施工现场更加安全。

（七）造价控制

BIM模型还能够将施工中使用的材料和构配件的相关信息链接到模型中，根据实际要求生成各种明细表，从而准确地计算工程量。在明细表中点击材料名就会在模型中显示出来，监理方能够更准确、全面地掌握工程量和工程造价。一旦工程量出现偏差，就能够及时进行纠正。施工方变更工程量时，需要提交变更申请，监理方会及时在BIM中进行变更，并且迅速计算成本的变化，根据BIM分析各种变更方案，进行对比后选择最优方案。

（八）竣工验收

BIM技术可以辅助监理方完成竣工验收，在模型建立过程中，监理人员就能及时地掌握控制要点，通过图纸会审以及监理技术交底，和施工技术人员进行有效的沟通，直观、明确地提出验收

要求。现场验收时，可以使用一些检测仪器，与竣工模型进行核对，从而更迅速、有效地完成验收工作。

（九）工程运行维护控制

在工程的保修期内，监理根据BIM数据库提供的维护提示，可以及时对需要维护的工程进行维护。一旦发现工程出现质量问题，可以及时提取竣工模型及输电网诈记录，协助施工方完成工程的维修工作。

结语

建设工程项目的复杂性较高，参与方众多，监理工作也面临着复杂局面，BIM技术的出现，使监理工作更为优质、高效，在工程进行过程中，能够及时地与工程各方进行协同管理有效沟通，从而在提高监理质量的同时，有效地提高工程的质量和效率，使工程的施工进度以及造价得到有效的控制。BIM技术仍然需要不断的发展，建立统一的标准，更好地融入监理工作中，推动工程监理质量和工程质量的不断提高。

参考文献

[1] 岳荷. 基于BIM协作平台的工程监理信息管理研究 [J]. 兰州交通大学学报, 2015 (01): 180-184.

[2] 高健. 工程监理企业BIM技术应用研究 [J]. 建设监理, 2015 (10): 5-9.

[3] 严事鸿, 赵春雷, 郑刚俊. 基于BIM的建设工程监理模式的研究 [J]. 建设监理, 2015 (11): 13-17.

[4] 苏小芳, 潘卫兵. BIM在工程监理中的应用 [J]. 建设科技, 2016 (07): 120-121.

[5] 王一鸣. 建设工程项目监理过程中的BIM应用 [J]. 建筑施工, 2016 (06): 811-813.

[6] 唐振达. 工程监理BIM技术应用方法和实践 [J]. 建设监理, 2016 (05): 14-16.

燕山隧道施工工法创新的应用

郑福良

宁波交通工程咨询监理有限公司

摘　要：燕山隧道地质条件较好，洞身以Ⅲ类围岩为主，采用全断面开挖，推行各工序作业标准化，突出工法的创新应用，采用了中空锚杆注浆快速接头、自主研发锚杆机、二衬环向止水带定型卡模、二衬养生台车等工艺，标准化、精细化在施工中得以体现。

关键词　隧道施工　标准化　工法创新

台州湾大桥及接线工程全长102.434km。全线设桥梁92座、隧道10座、枢纽互通1处、一般互通9处、服务区两处。燕山隧道全长1177.5m，地质水文条件较好，Ⅲ、Ⅳ类围岩占92%，隧道采用双向六车道高速公路技术标准，设计速度80km/h，单洞建筑限界净宽14.5m。为着力打造沿海高速隧道施工标准化、精细化，创品质工程，以管理制度、场地建设、工序作业、安全管理、文明施工标准化为基础，突出一些工法创新应用，取得了较好的效果。

一、隧道中空锚杆注浆快速接头

传统的中空锚杆注浆施工采用橡胶管连接，密封性能不好，接管时间长，注浆完成后，卸除输送管，浆液立即回流，注浆效果难以保证，注浆质量很难控制；另外由于连接不密封及易脱管的原因，浆液易喷出，容易污染工人衣物，甚至溅伤工人眼睛，出现安全事故。

为避免以上弊端，燕山隧道采用快速注浆接头，接头构造如右图。

采用该注浆接头，在浆液和压力都达到要求后，先关闭注浆接头的止浆阀门，后关闭输送管的止浆阀门，卸除注浆输送管，待中空锚杆内浆体凝固不回流后，卸除注浆接头。

二、新型多孔颗粒物夹芯玻璃钢逃生管道

逃生管道为隧道施工出现地质灾害时的救命通道，在隧道安全施工中具有主导地位，燕山隧道率先采用新型CQTS-1580-Ⅰ型玻璃钢逃生管道。

该管道具有轻质高强、便于安装、弹塑性好、吸能抗冲等特点。经试验检测，该材料环钢度 > 27kN/m²；300kg落石7m高自由下落对心冲击后管内

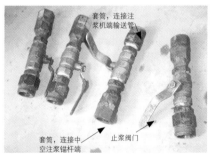

中空注浆锚杆压浆示意图

最小静止空间净高 > 55cm；管壁导热系数为0.2W/（m·K）。成品标准段长3m，内径0.8m，连接方式为承插式，现场只需4名工人即可安装拆除。

另外，该逃生管道还可根据隧道台阶法开挖时量身定做弯头角度，燕山隧道实际应用时效果良好。

安装接头示意图

逃生管道弯头示意图

三、自主设计研发轻便型锚杆机

隧道初支锚杆角度控制问题一直作为质量通病长期困扰各施工单位，为保证锚杆施工质量（尤其拱顶位置垂直度控制），燕山隧道自主研发使用专业锚杆机打设锚杆（锚杆机已申请专利）。

锚杆机主要由支架及钻机两部分组成，使用时只需把支架固定，钻机调好角度后即可自动钻进，支架上安装有限位卡槽，可根据现场实际情况调整支架角度。锚杆机不仅质量轻便，而且安拆方便，两名工人即可操作，很好地解决了锚杆角度难控制的质量通病问题。

锚杆机打设拱顶锚杆示意图

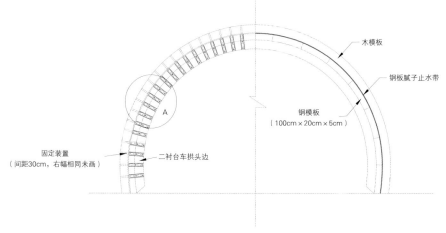

端头模安装立面图

四、隧道二衬环向止水带定型卡模

隧道二衬环向止水带的安装主要与台车端头模的安装关系极大，传统端头模采用整块木模，安装过程中必须将止水带折叠，导致止水带安装位置不准确，线条不平顺且易破损，严重影响止水带安装质量；同时采用整块木模，安装过程中与台车不密贴，混凝土浇筑过程中，易产生漏浆，甚至跑模现象，混凝土面易产生蜂窝麻面现象，对端头混凝土质量不利。

根据以上弊端及环向止水带的设计特点，燕山隧道改变传统端头模由一整块模板组成，而将端头模设计为内外两部分组成，外侧（靠台车侧）采用钢模，内侧（靠围岩侧）采用木模，在钢模及木模中间设置止水带安装位置。内侧采用木模，主要考虑围岩面喷射混凝土不平，木模调整灵活的原因；同时考虑二衬厚度不同的问题，为节约成本，外侧钢模宽度统一采用20cm，厂家已根据实际台车模板弧度加工，内侧木模组合采用5cm厚木模板与8cm×8cm方木，木模宽度根据二衬厚度不同灵活调整。

整个端头模固定装置采用活扣安装，现场工人操作方便快捷。

根据上述特点，绘制端头模如上图。

根据上述图纸，按图加工出实际端头模效果如下图。

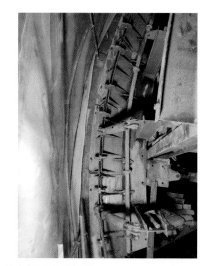

端头模装置实际效果图

端头模细部图

优化后的端头模施工完成后的止水带效果如下图：

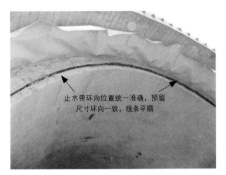

效果图一

效果图二

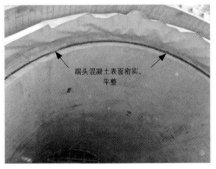

效果图三

五、隧道二衬养护台车

隧道二衬混凝土后期养生是隧道施工重点及难点，由于混凝土在硬化过程中，对温度、湿度的变化很敏感，如果养护工作不当、不及时，混凝土表面水分散失太快，混凝土在拆模前，甚至在终凝前就会出现裂纹。这直接影响混凝土的强度和耐久性，甚至危害工程结构的安全。二衬混凝土由于养护不当、不及时而出现的收缩裂纹及碳化深度过大的情况时有发生。

为此，燕山隧道自主设计加工养护台车对隧道二衬混凝土进行 24 小时不间断水喷淋养护，确保拆模后能及时得到有效的养护，减少混凝土质量通病的发生。

本养护台车采用 2 榀间距为 3m 的 12 号工字钢作为台车主结构及斜向与横向支撑。

圆弧段采用 8 号镀锌槽钢或钢板焊接而成支架作为水管托槽，此外，为保证台车行走稳定、不晃动，台车采用钢轨行走。

雾化喷头的供水管采用 PVC 管，每 2m 安装一个三通管与雾化喷头连接。

在水管进水口安装过滤网过滤水中杂质，另在台车第一级平台上安装加压泵以保证有足够的水压。在台车一侧焊接爬梯作为雾化喷头等检修的上下通道。

在隧道主供水管每 50m 引出一个接口供养护台车用水，接口至台车段采用软水管，台车底部至雾化供水管段同样采用 PVC 管，并固定在台车上。

结语

燕山隧道自 2015 年 10 月 13 日开工，至 2017 年 5 月 20 日完成。由于施工过程中，对传统工法进行改造和创新，工效和质量大大提高，洞身开挖、初支、二衬等施工质量经检测，各项技术指标均达到设计要求，质量优良，成为沿海高速隧道施工样板工程、品质工程。

浅谈真空绝热板施工工艺及质量控制

张秋胜

泛华建设集团有限公司

摘　要：本文对真空绝热板，从施工工艺、质量控制要点及成品保护方面进行介绍。

关键词　真空绝热板　控制要点

真空绝热板是以芯材和吸气剂为填充材料，使用复合阻气膜包裹，经真空封装制成的建筑保温板材料。复合阻气膜是由热封材料、阻气材料、保护材料经高温粘合制成的具有阻止气体透过作用的复合薄膜，芯材采用无机纤维保温板复合而成，它能有效避免空气对流引起的热传递，因此导热系数大幅度降低，小于 0.003W/（m·K），并且不含有任何 ODS 材料，具有环保和高效节能的特性，是目前世界上最先进的高效保温材料。

一、施工工艺

（一）基层处理

将墙面清理干净，无浮灰、油污、空鼓，墙面突起物应铲平，墙面不平时，用 DP 砂浆进行找平。基层墙体结构分界处挂钢丝网进行抗裂加强处理，不得有脱层、空鼓、裂缝，面层不得有粉化、起皮、爆灰等现象。

根据建筑立面设计，在门窗洞口及伸缩缝、装饰线处弹水平、垂直控制线，在建筑物外墙阴阳角及其他必要处挂出垂直基准控制线，弹出水平控制基线，施工过程中每层适当挂水平线，以控制真空绝热板粘贴的垂直度和平整度。

（二）粘贴保温板

1. 超薄真空绝热保温板标准尺寸为 400mm×600mm，预先对墙面进行排版，因板材不允许裁切，需采用小规格板进行拼接。保温板采用 DEA 砂浆粘贴 35mm 厚 HIP 超薄真空绝热保温板，涂料饰面时，粘贴面积 ≥ 80%，面砖饰面时应满粘。

2. 用批刀将搅拌好的专用粘接砂浆均匀满刮在板子背面或墙面上，然后用锯齿形抹子将批好的专用粘接砂浆从上至下均匀拉出锯齿形状，厚度控制在 3~5mm 即可，粘结面积不得小于总粘贴面的 80%。刮涂和拉灰时，注意掌握好力度，防止用力过大破坏保温板的阻气层。

3. 保温板粘贴顺序应由下而上沿水平线进行施工，板子的长封边在上，短封边在下，上一块板的短封边压住下一块板的长封边，保温板与保温板之间搭接缝隙为 15~20mm。先贴阴阳角，然后施工大墙面，大墙面上的保温板竖缝宜错缝施工。

4. 保温板在粘结时应均匀挤压，可用橡皮锤轻轻敲击或用手轻拍固定，板周围挤出的专用粘结砂浆应及时清理。

5. 保温板粘贴完毕后应至少静置 12 小时后才能在板面进行包括对接缝部位处理在内的其他操作，以防止真空绝热板移动，影响其与基层墙体的粘结强度。在进行下一道工序之前，应检查真空绝热板是否粘贴牢固，松动的应取下重粘。

（三）填补保温砂浆

待保温固定完毕后，采用无机保温砂浆将板缝填平，保证填塞密实。填缝时，应将封边完全压入板缝中，并注意

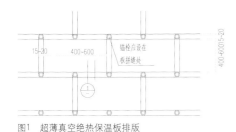

图1 超薄真空绝热保温板排版

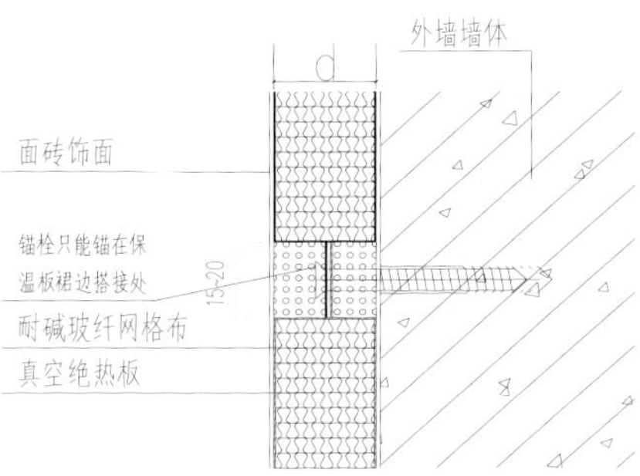

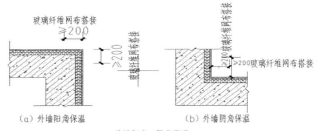

图2 面砖饰面墙体保温做法

掌握好抹灰的力度，防止破坏保温板。

（四）固定锚栓（外墙、顶棚）

根据设计要求，每平方米不少于4个锚栓。锚栓只能在保温板裙边搭接处固定。同时在需要安装锚栓的部位预埋锚栓标识件，以便锚栓钻孔时准确定位。外墙及顶棚需要安装固定锚栓，内墙不需要安装固定锚栓。

（五）聚合物砂浆抹面

在真空绝热板板缝处理完毕后，静置12小时以上，再进行抹面，采用聚合物砂浆对保温板进行抹面，抹面厚度5mm，中间压入一层玻纤网格布。先将表面均匀涂抹第一道厚度为2~3mm的专用抹面聚合物砂浆，立即将网格布压入专用抹面聚合物砂浆中，以覆盖网格布、微见轮廓为宜，要平整无褶皱。建筑大墙面的网格布左右搭接宽度不小于100mm，上下搭接宽度不小于80mm。待第一道专用砂浆稍干硬至可以触碰时再抹第二道专用抹面胶浆，厚度为1~2mm，以完全覆盖网格布为宜。抹面胶浆切忌不停揉搓，以免形成空鼓。抹面层总厚度控制在5mm（图2）。真空

绝热板在阳角、阴角及门窗洞口的边角处应进行加强处理（图3）。

二、质量控制

（一）材料进场验收及复验

1. 核查进场原材料的产品合格证、出厂检测报告和有效期内的型式检验报告等质量证明文件。

2. 对进场原材料的品种、规格、包装、外观和尺寸等进行检查验收，并与质量证明文件一起经监理工程师（建设单位代表）确认，形成相应的验收记录，纳入工程技术档案。

3. 对需复验的进场原材料，应进行随机抽样复验，复验应为见证取样送检，检查进场验收复验报告。

4. 对每块保温装饰板的锚固件进行现场拉拔试验，每个锚固件的抗拉承载力标准值，混凝土基材不应小于0.6kN，砌块基材不应小于0.3kN。

5. 锚入混凝土墙体的有效深度不应小于30mm，锚入其他墙体的有效深度不应小于50mm。

6. 基层为非混凝土的墙体应进行现场拉拔试验，每个锚固件的抗拉承载力标准值不应小于0.3kN。

（二）铺贴玻璃纤维网布

1. 第一道抹面胶浆厚度应为2~3mm，涂抹完毕后应立即将玻璃纤维网布压入抹面胶浆中，并应平整无褶皱。

待第一道抹面胶浆稍干至可以触碰时，应涂抹第二道抹面胶浆，并且厚度应为1~2mm。

2. 墙体阴阳角、涂料饰面加铺的底层玻璃纤维网布，铺设时应加抹一道抹面胶浆，首层墙面上加铺的玻璃纤维网布的接缝应为对接，接缝应对齐平整；墙体阴阳角两侧玻璃纤维网布应各为200mm长。

3. 门窗洞口四角应预先沿45°方向增贴长300mm、宽200mm的附加玻璃纤维网布。

4. 在真空绝热板安装起始部位及门窗洞口、女儿墙等收口部位应进行翻包处理，翻包玻璃纤维网布应压入真空绝热板两面，并且不应小于100mm。

5. 抹面胶浆施工间歇应在自然断开处。在连接墙面上的间歇处，第二道抹面胶浆不应完全覆盖已铺好的玻璃纤维网布，应与玻璃纤维网布、第一道抹面胶浆形成台阶形坡茬，留茬间距不应小于150mm。

6. 抹面胶浆和玻璃纤维网布铺设完毕后，不得扰动，静置养护不应小于24小时，完成静置养护后可进行下一道工序的施工。

（三）工器具

1. 机械设备：冲击钻、电动搅拌器等。

2. 粉刷工具：塑料搅拌桶、阴阳角抹子、不锈钢抹子、多用刀、拉线、橡皮锤、锯齿型抹子、平口批刀、铝合金

图3 门窗洞口玻璃纤维网布加强示意图

刮尺、托盘、滚筒、螺丝刀等（注：应将抹子的 4 个直角或其他锋利处都磨成圆角，以避免施工过程中对真空绝热板表面造成破坏）。

（四）拉伸粘结强度试验

真空绝热板与基层墙体拉伸粘结强度现场拉拔试验方法：

试样材料选取及制备应在外保温系统组成材料进场后进行。

试验应现场制作，将配置好的粘结砂浆分别抹在基层墙体、真空绝热板表面，厚度为 3~5mm，且应在实际工程环境下同条件养护 14 天。

试样切割及数量应符合以下规定：

1. 粘结砂浆与基层墙体拉伸粘结强度试样尺寸为 95mm×45mm，并应切至基层墙体表面。

2. 粘结砂浆与真空绝热板拉伸粘结强度试样尺寸为直径 50mm，并应切至真空绝热板表面，但不得损伤真空绝热板表面复合材料。

3. 粘结砂浆与基层墙体拉伸粘结强度试样数量不应少于 3 个，粘结砂浆与真空绝热板拉伸粘结强度试样数量不应少于 6 个。

4. 拉伸粘结强度的测定，应采用拉拔速度可控的拉拔仪；拉伸速度为（5±1）mm/min。

5. 粘结砂浆与基层墙体拉伸粘结强度试验结果应为 3 个有效试验数据的算数平均值，精确至 0.1MPa。

6. 粘结砂浆与真空绝热板拉伸粘结强度试验结果应为 6 个有效试验数据中 4 个中间值的算数平均值，精确至 0.01MPa。

三、监理单位控制要点

（一）用于墙体节能工程的材料、构件等，其品种、规格应符合设计要求和相关标准的规定。

检验方法：观察、尺量检查；核查质量证明文件。

检查数量：按进场批次，每批随机抽取 3 个试样进行检查；质量证明文件应按照其出厂检验批进行核查。

（二）墙体节能工程采用的保温材料和粘结材料等，进场时应对下列性能进行见证取样复验：

1. 保温材料的导热系数、密度、抗压强度或压缩强度。

2. 粘结材料的粘结强度。

3. 增强网的力学性能、抗腐蚀性能。

检验方法：随机抽样送检，审核复验报告

检查数量：同一厂家、品种的产品，当建筑面积在 20000m² 以下时，各抽查不小于 3 次；当建筑面积在 20000m² 以上时，各抽查不小于 6 次。

（三）墙体节能工程的施工，应符合下列规定：

1. 保温隔热材料的厚度必须符合设计要求。

2. 保温板材与基层及各构造层之间的粘结或连接必须牢固。保温板材与基层的拉伸粘结强度应进行现场拉拔试验。

3. 当采用保温浆料做外保温时，厚度大于 20mm 的保温浆料应分层施工。保温浆料与基层之间及各层之间的粘结必须牢固，不应脱层、空鼓和开裂。

4. 当墙体节能工程的保温层采用预埋或后置锚固件固定时，锚固件数量、位置、锚固深度和锚固拉拔力应符合设计和施工方案要求。后置锚固件应作锚固力现场拉拔试验。

5. 检查数量：每个检验批抽查不少于 3 处。

四、成品保护

1. 施工过程中，不得将板子带封边的一侧立放，以免造成板子漏气。

2. 板子封边可以折边，如需要折边，注意不得两个方向多次对折。

3. 用抹子上灰时，尤其沿板子四周封边上灰时，注意掌握上灰的力度，防止力度过大造成板子漏气。

4. 抹面胶浆施工时，必须先抹胶浆再上网格布，严禁边上网边抹胶浆。

5. 保温施工应有防晒、防风雨、防冻措施。外保温完成后严禁在保温墙体处近距离高温作业。

6. 严禁尖锐锋利器或重物撞击保温层表面，以免损坏真空绝热板，对已损坏的应及时更换。

7. 保温施工应采取措施防止施工污染。

8. 正常情况下，抹面胶浆 1 天后才能经得起雨淋，故在此时间段，应采取防雨措施。

参考文献

[1] JGJ/T 416-2017 建筑用真空绝热板应用技术规程 [S]. 北京：中国建筑工业出版社，2017.

智能灌浆系统在乌东德水电站灌浆工程中的应用

陈邦辅

乌东德监理中心

摘　要：灌浆系隐蔽工程，施工质量、工程量计量受人为因素影响大，智能灌浆系统结合网络通信技术将智能灌浆单元与中央服务器系统连接，实现工艺自动控制、水泥浆液自动配置、压力自动调节、数据自动记录、信息联网灌浆成果自动汇总等。与普通人工控制灌浆对比，体现出智能灌浆系统的可行性、科学性、优越性，值得在大型水电工程建设中推广应用。先进的技术、先进的设备应用不代替人的管理，灌浆工程施工中，加强过程基础管理才是保证施工质量的主题。

关键词　灌浆质量　智能灌浆　应用　管理

背景

灌浆工程长期以来之所以被业内称之为"良心工程"，是因为灌浆效果看不见、摸不着，更多地依赖于施工人员的责任意识和做人处事的品德，特别是在市场经济背景下，有不少施工人员及管理者，在经济利益和诚信面前放弃了诚信而选择了经济利益；甚至有承包商把承揽的工程以更低价分包给小企业甚至个体户施工；多年来用工制度"改革"导致专业技术工人的流失，一线岗位作业人员中农民工占绝大多数，他们素质参差不齐，不懂得自己从事的工作事关重大，只追求现实利益，甚至弄虚作假的事件屡见不鲜。本人总结了灌浆施工中常见的几种篡改和编造虚假灌浆记录的主要手段：①密度桶压盖，干扰记录仪的密度传感器，人为增加浆液密度；②给记录仪加接电阻或其他电器元件改变传感器的输出数据；③安装模拟程序，使记录仪不进行灌浆也可以打印出"灌浆记录"；④安装修改程序，对灌浆记录、压水记录进行修改和编造；⑤改变灌浆管路连接，将经过计量的浆液排放掉或者重复记录；⑥使用清水代替浆液"灌浆"等。

一、智能灌浆系统总体情况简述

智能灌浆系统由中国长江三峡集团公司、成都中大华瑞科技有限公司研发，经葛洲坝集团、中国水利水电建设咨询西北公司现场试验、验证，并参与了智能灌浆系统研发讨论，试用过程中根据出现的问题，不断创新、完善，于2015年8月获国家发明专利。其主要由智能灌浆单元及中央服务器系统两大部分组成，综合运用了先进的自动控制、网络通信、信息加密、软件运算等技术。结合网络通信技术将智能灌浆单元与中央服务器系统连接，实现工艺自动控制、水泥浆液自动配置、压力自动调节、数据自动记录、信息联网灌浆成果自动汇总的灌浆工程全过程自动化与智能化管理设施。

（一）智能灌浆单元

智能灌浆单元是智能灌浆系统的主要执行机构，负责控制整个灌浆任务。主要包括数据中心、智能压力流量联合控制系统、智能配浆系统、集成式智能灌浆平台、智能工艺控制系统。

1.数据中心主要负责为灌浆、压水过程数据感知的主要环节采集、记录、传输数据，以及与服务器网络通信的控制。

数据中心主要采用单片机作为数据

图1 数据中心实物图

记录处理的平台，内部集成稳压电源、单片机系统、数据采集系统、数据传输系统、数据加密系统、资料防伪码生成芯片、电子存储设备、键盘、彩色液晶显示器等。其主要功能为：①现场数据显示记录功能。压水、灌浆过程中实时显示压水、灌浆孔段的段长、时间、压力、密度（灌浆）、进浆流量、返浆流量、总注浆量、单位注灰量、透水率（压水）、抬动值等基础信息。②远程传输数据。通过现场网络与中央服务器连接传输数据。并兼具通信协调器作用，协调中央服务器与灌浆压力控制系统、智能配浆系统之间的通信。③防伪和防恶意篡改功能。单套设备的所有传感器信号线均采用一根数字总线与主机连接，信号线完整无接头，具备信号屏蔽功能，并采用加密数字信号传输方式，原始数据不能够被人为滤除和删改。

④自动报警及中断、停机。当系统硬件或输入信号发生异常时，具有故障自动报警和终止当前错误工作停机功能。⑤数据储存。内置数据存储器可存储10万个孔的灌浆孔段基础数据。⑥自动生成防伪码。专用的硬件加密芯片自动生成每一段压水、灌浆资料防伪码，并可通过微信、网站、二维码等便捷方式验证、查询原始资料真伪。⑦自率定。通过专利技术对密度计、流量计远程进行零点和满度率定。⑧身份识别。通过专用协议对传感器身份进行识别，防止传感器被非法更换等。

2. 智能压力流量联合控制系统

压力流量联合控制是指以智能灌浆单元控制系统的压力控制子系统和电动高压阀门为硬件基础，结合智能灌浆单元专有压力调节算法进行软硬结合的压力流量联合控制。

智能灌浆压力流量联合控制系统主要利用计算机代替人工控制压力及流量，控制效果好、精度高、响应速度快；支持主协调器的调度，可接受中央服务器的工艺参数，可按照工艺控制系统控制要求自动调节灌浆压力及返浆流量；同时具有软件、硬件双重过压保护。

3. 智能配浆系统

智能配浆系统，与以往的配浆相比，首次引入了由灌浆工艺控制自动配浆的理念和技术。

智能配浆系统主要通过现场网络，下载灌浆工艺参数，集成式智能灌浆平台的主协调器按照灌浆工艺参数智能控制浆液配比参数；配浆过程全智能化，无需施工人员在灌浆过程中输入新的配比数据，具有自动搅拌功能，实现浆液密度$1.0\sim2.0g/cm^3$的范围内无级配浆；配浆过程在封闭罐体中完成，大大减少水泥和水的浪费；可以实时调节浆液密度，从而稳定灌入浆液浓度，对于返浆变浓或变稀，具有良好的抑制作用。

4. 集成式智能灌浆平台

集成式智能灌浆平台将所有设备集

图2 智能压力控制系统实物图

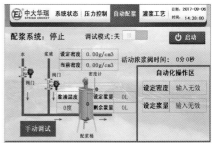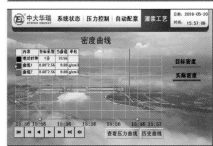

图3 智能配浆系统界面

中安装在一个灌浆平台上，解决了现场灌浆设备分散而凌乱、接线混乱、废液、水泥粉随处抛洒等工作面不清洁的问题；同时当需迁移工作面时，只需通过现场缆机或者货车简单配合即可进行。

5. 智能工艺控制系统

一个完整的灌浆过程包括试通水、裂隙冲洗、压水试验、灌浆、结束，灌浆阶段又包括压力控制、浆液变换、异常情况处理等；智能工艺控制系统包括裂隙冲洗、压水、灌浆、结束标准判定等全过程灌浆工艺，智能控制压力 P 与注入率 Q 的乘积 PQ 值为灌浆过程控制指标。智能控制过程中，对过程中实时参数进行监测、分析、判断，根据其结果再次对灌浆过程参数进行调整改变，如抬动、劈裂、流量突变、大注入量、失水回浓等，以达到预期（符合灌浆规程、规范要求）的条件。

（二）中央服务器系统

中央服务器系统是智能灌浆系统的核心，主要负责数据处理和灌浆工艺控制。数据处理主要有报表处理、实时数据处理、网络及手机端数据管理、用户数据管理等；灌浆工艺控制主要为决策和工艺控制，分析灌浆资料和实时数据，并根据分析的结果设定灌浆参数、进行灌浆控制。中央服务器系统集成十大功能模块，其主要功能：①用户管理模块：所有用户录入身份信息（姓名、单位、职务、身份证号、手机号等），系统设置超级管理员及一般管理员（业主、设计、监理、施工单位管理人员组成）；②权限管理模块：按合同项目、工程部位、灌浆类型、管理单位分别设置灌浆技术参数修正、灌浆管理、数据查询检索权限；③灌浆参数管理模块：开工前，灌浆设计参

数管理员在 PC 端按单位工程、分部工程、分项工程、单元工程对所有灌浆孔进行分排、分序、分段录入设计参数及异常处理交互变量，灌浆过程中直接下载使用；④在线监控管理模块：分单位工程权限进行监控管理，对运行每台设备的实时数据信息、工作状态进行实时监控管理；⑤灌浆成果检索模块：按合同编号、承包人、监理人、单位工程、分部、分项、单元、孔段信息、施工时段、施工机组、设备号及灌浆过程（如：抬动、劈裂、涌水、失水回浓等）进行检索，并以列表呈现；⑥灌浆成果管理模块：根据成果报表的填写格式、数据类型、数据来源及统计公式进行分析汇总，分部位、分单元进行自动成果统计，按规范要求形成成果统计报表、生成频率曲线图及综合剖面图；⑦进度管理模块：可在规定时间内录入一周或一个月施工进度计划，由有权限的管理人员审核确认；⑧防伪码查询管理模块：自动对查询情况进行在线统计和存储，形成防伪码查询统计报表；⑨计量管理模块：自定义索引对基础数据进行筛选，根据筛选结果，生成单元工程量汇总表、单元工程量统计表，并生成与 TGPMS 系统配套使用的工程量结算计算书；⑩设备管理模块：对现场使用的所有设备进行统一管理、记录，定期生成设备管理表，其内容主要包括：使用单位、使用部位、主机编号、传感器（压力、流量、密度）编号、使用时段、维修率情况等。

二、智能灌浆系统在乌东德水电站灌浆工程中的应用及效果

经过不断的探索、研究、现场试验、

验证，首台智能灌浆单元机于 2016 年 8 月在大坝上游围堰成功完成了一段从裂隙冲洗、压水试验、灌浆到最终灌浆结束的施工任务，就此，智能灌浆单元的应用在乌东德水电站固结及帷幕灌浆施工上全面推广应用。

2017 年，大坝坝基固结灌浆、右岸 780 帷幕灌浆（6MPa 高压）相继投入使用智能灌浆单元机，目前，已有 16 台智能灌浆单元机在乌东德水电站大坝及右岸地下电站灌浆工程中（均为西北监理承监标段）正常使用、运行，累计完成固结灌浆 4 万余米，帷幕灌浆 5 千余米，设备运行稳定、良好。

现就大坝坝基固结灌浆工程中智能灌浆系统及人工控制灌浆系统各选取一个单元从灌浆情况、灌浆施工用电、灌浆施工用水、灌浆施工浆量损耗等方面对智能灌浆和人工灌浆两种灌浆方式进行对比。

（一）灌浆成果分析

8 号坝段为大坝河床坝段，主要为 Ⅲ 类岩体，局部呈缓倾走向，固结灌浆总工程量 2858.9m，其中 Ⅰ、Ⅱ 序孔 177 个，工程量 569m，Ⅲ、Ⅳ 序孔共 179 个，工程量 2289.9m；9 号坝段为大坝岸坡坝段，主要为 Ⅱ 类岩体，固结灌浆总工程量 2615m，其中 Ⅰ、Ⅱ 序孔共 93 个，工程量 251m，Ⅲ、Ⅳ 序孔共 169 个，工程量 2364m。

从 8 号坝段、9 号坝段 Ⅰ～Ⅳ 序孔来看，整体平均单位注灰量均呈递减趋势，符合一般灌浆规律；其中 8 号坝段 Ⅰ～Ⅳ 序孔平均单位注灰量为 24.78kg/m，9 号坝段 Ⅰ～Ⅳ 序孔平均单位注灰量为 6.64kg/m；8 号坝段人工灌浆单位注灰量较 9 号坝段多 18.14kg/m，主要因不同岩体可灌性及 8 号坝段缓倾

灌浆分序成果统计　　　　　　　　　　　表1

类型	部位	孔序	孔数	段数	灌浆长度（m）	灌前压水（Lu）	单位注灰量（kg/m）	备注
人工控制灌浆	8号坝段	I	88	88	292	89.99	107.86	
		II	89	89	277	4.96	19.58	
		小计	177	177	569	48.60	64.58	
		III	90	270	1158.60	5.05	20.51	
		IV	89	267	1131.3	1.04	8.99	
		小计	179	537	2289.90	3.07	14.81	
		合计	356	714	2858.90	12.13	24.78	
智能控制灌浆	9号坝段（岸坡部位）	I	47	47	126.90	3.94	32.51	
		II	46	46	124.1	1.87	11.16	
		小计	93	93	251.1	2.93	21.95	
		III	85	276	1185.6	0.86	8.64	
		IV	84	274	1204.6	0.31	1.37	
		小计	169	550	2364.1	0.59	5.01	
		合计	262	643	2615.2	0.81	6.64	

角区域 I 序孔灌浆过程中大部分孔段存在漏浆、冒浆，导致 I 序孔注入量普遍偏大。灌浆成果表明：人工控制灌浆、智能灌浆单元注入量与灌前透水率关系明显，与不同岩体质量本身特性相符，灌浆质量均满足设计要求（表1）。

（二）灌浆功效分析

对8号坝段、9号坝段两种灌浆形式的平均灌浆工效进行统计，统计结果见表。

从灌浆总平均工效分析统计表（表2）可以看出，智能控制灌浆与人工控制灌浆总平均工效基本相近。

（三）水泥损耗

对8号坝段、9号坝段两种灌浆形式的人工控制灌浆与智能控制灌浆，灌浆孔平均灌浆损耗对比如表3所示。

从表中可看出，两种灌浆方式浆液损耗均较大，智能控制灌浆损耗比人工控制灌浆水泥损耗高20%左右。通常情况下，灌浆工程水泥损耗与单位注入量呈反比关系（单位注入量越小，水泥损耗越大），9号坝段单位注入量6.64kg/m，8号坝段单位注入量24.78kg/m，分析认为智能灌浆水泥损耗大于人工控制灌浆与不同单位注入量大小有直接关系。

（四）施工用电

从灌浆施工用电统计表（表4）可以看出，智能控制灌浆，灌浆单位用电量比人工控制灌浆单位用电量大1kWh左右，主要原因是智能灌浆系统在人工控制灌浆基础上增加了智能压力流量联合控制系统、智能配浆系统，其自动配浆运转、高压闸阀控制等其他负荷增加所致。考虑增加部分取代了人工操作，施工过程中无需投入配浆、升压操作人员，节省了配浆、升压操作人员人工费，用电量增加部分尚可接受。

（五）施工用水

对8号、9号坝段两种灌浆形式从压水、灌浆、封孔各个工序综合统计施工用水进行对比，具体情况见表5。

从表中可以看出，人工控制灌浆单位用水量4.59m³/m，智能控制灌浆单位用水量5.34m³/m，单位用水量人工控制灌浆优于智能灌浆系统，主要是因为智能灌浆系统的自清洗功能。智能灌浆系统定期对配浆桶、灌浆泵、灌浆管路进行自动清理维护，用水量虽大于人工

灌浆总平均工效分析统计表　　　　　　　表2

灌浆类型	区段	孔序	段次	灌浆长度（m）	单位注灰量（kg/m）	纯灌时间（h）	平均功效（h/段）
人工控制灌浆	8号坝段	I	88	292	107.86	71.56	0.81
		II	89	277	19.58	60.53	0.70
		III	270	1158.60	20.51	201.45	0.75
		IV	267	1131.3	8.99	180.92	0.68
		合计	714	2858.90	24.78	514.46	0.72
智能控制灌浆	9号坝段（岸坡部位）	I	47	126.90	32.51	33.48	0.74
		II	46	124.10	11.16	29.38	0.62
		III	276	1185.6	8.64	220.8	0.80
		IV	274	1204.6	1.37	164.4	0.60
		合计	643	2615.2	6.64	448.06	0.7

灌浆材料损耗统计表　　　　　　　　　　表3

灌浆类型	施工区段	工程量	用浆量（kg）	灌入量（kg）	管占（kg）	弃浆（kg）	损耗率%	备注
人工控制灌浆	8号坝段	2858.90	223648.14	70846.00	93311.74	59490.40	68.3%	
智能控制灌浆	9号坝段	2615.20	167535.49	17361.90	83999.20	66174.39	89.6%	

灌浆施工用电统计表　　　　　　表4

灌浆类型	施工区段	段数	工程量（m）	单位注灰量（kg/m）	纯灌时间（h）	用电（kWh）	单位用电量（kWh/m）	备注
人工控制灌浆	8号坝段	714	2858.90	24.78	514.46	19350	6.77	
智能控制灌浆	9号坝段	643	2615.2	6.64	448.06	20450.8	7.82	

灌浆施工用水统计表　　　　　　表5

序号	灌浆类型	施工区段	孔段	工程量（m）	用水量（m³）	单位用水量（m³/m）	备注
1	人工控制灌浆	8号坝段	714	2858.90	13122.3	4.59	
2	智能控制灌浆	9号坝段	643	2615.2	13965.17	5.34	

控制灌浆，但保证了灌浆设备状态良好、管路性能及使用功率。

三、智能灌浆系统的展望

钻孔、灌浆是灌浆工程的两大主要工序，相辅相成，简单地说，钻孔过程中所获得的信息是指导灌浆施工的重要资料和依据，而当前乌东德水电站乃至整个国内灌浆行业仍然存在钻孔工序耗时。人工在灌浆工程中占比重的问题。乌东德水电站采用的智能灌浆系统在压力控制、配浆变浆、成果整理汇总等多方面代替了人工操作，以达到解放生产力、发展生产力的目的，但总体施工上与发达国家相比仍处于落后水平，仍然是人工多、效率低。与国内灌浆工程传统钻孔机具一样，大多采用地质钻、100B、圆盘钻等，而许多发达国家，已将计算机技术和信息技术引入钻孔设备中，开发了钻孔自动记录系统、钻孔参数记录仪等，将各种传感器安装到钻孔机具上，计算机对传感器信号进行处理计算，然后输出各种技术指令，如钻进压力、速率、回转速度、扭矩、漏失情况等，有的系统还可以对钻进过程中获得的数据与已有的勘探、灌浆数据对比，加工处理得出地层的岩石特性、风化程度、裂隙发育状况、渗漏程度等，甚至对应当采取的灌浆措施、灌浆参数进行预判、处理。如果能对目前使用的钻孔机具进行如上述所说研究改进，再辅以已有的智能灌浆系统，配合使用到灌浆工程中，将大大提高灌浆工程施工的科学性、可预见性。真正从根本上解决灌浆工程长期以来存在的人工多、功效低、灌浆过程说不清道不明等诸多难题，这也是乌东德水电灌浆工程乃至整个灌浆行业长期以来探索、研究的一个重要方向。

结语

智能灌浆系统综合运用了先进的自动控制、网络通信、信息加密、软件运算等技术，初步实现了灌浆工艺自动控制、水泥浆液自动配置、压力自动调节、数据自动记录、灌浆成果自动汇总等灌浆全过程记录、监控、管理，进一步从客观上保障了灌浆质量的真实性，杜绝了灌浆人员及管理者主观意识上对灌浆质量的干扰和影响。但也不可能解决灌浆施工中的一切问题，单从经济成本考虑，智能灌浆系统就难以适用于中、小型水电站工程及零星的灌浆工程，这些部位的灌浆施工采用人工控制灌浆（普通记录仪，甚至手工记录）的情况仍将长期存在。智能灌浆系统比较适用于大型水电站的大规模灌浆工程。

如上文所述，智能灌浆系统从裂隙冲洗、灌前压水试验到灌浆结束，乃至灌浆成果汇总、工程量计量等均实现了自动控制、自动生成。但智能灌浆系统的应用，不能代替人对灌浆工程的管理，相反，越是智能化程度高，对人的管理程度、要求以及对管理人员素质要求也就越高。就如同第一台灌浆自动记录仪的现场应用一样，根本的目的是为解决和保证灌浆施工记录的真实性问题，但是道高一尺魔高一丈，破坏和篡改灌浆记录仪的案例也随之发生。同理，先进技术、先进设备应用，也绝不能代替人在工程管理中作用，只有做好基础管理工作，才不会让先进的设备、信息技术和监控系统形同虚设。不管是智能灌浆、人工灌浆，加强过程管理（钻孔质量管理、灌浆质量管理、设备使用管理、人的行为管理）才是保证灌浆工程质量永恒的主题。

郑州大剧院混凝土主体施工监理质量控制

高领宽

浙江江南工程管理股份有限公司

摘　要：郑州大剧院是笔者从事监理工作以来，做过的结构最为复杂的混凝土结构。笔者通过查阅相关规范并结合郑州大剧院建设及监理过程中的一些重点难点，总结出了大剧院混凝土主体施工监理质量控制相关经验，与大家共勉。

关键词　监理措施　异形结构　BIM建模　大跨度梁　预应力

一、工程概况

郑州大剧院属于甲等剧场，总占地面积50942m²，总建筑面积125999.7m²，其中地上建筑面积59760.62m²，地下建筑面积66239.08m²，建设内容包括1687座的歌舞剧场、461座的戏剧场、892座的音乐厅和421座的多功能厅。建筑设计寓意"黄河帆影，演绎中原艺术之源泉；艺术之舟，唱响九州文明之华章"（图1）。

图1　郑州大剧院鸟瞰

二、主体施工阶段的重点难点

郑州大剧院作为郑州市的标志性建筑，造型复杂，施工难度大。大剧院地下两层，地上5层。3栋单体均为框架剪力墙结构，本工程从主体阶段就充分体现了大剧院建筑之复杂程度。不同于以往的房建结构，大剧院为了展现大空间、大跨度，同时考虑剧院工程的特殊性。设计中运用了预应力节点、大环梁节点、大跨度梁、连梁阻尼器、劲性钢骨柱、异形梁、大角度斜柱（圆柱）、弧形墙、搭接柱（斜柱交直柱）、大量预埋件、宽扁梁等大量异形构件，施工极其复杂，同时也给监理质量控制提出了更高要求，监理部根据大剧院施工中所遇到的难题多次组织课题研究。

三、主体施工阶段的重点难点课题研究

（一）复杂节点

大剧院注重空间构造，设计之初，设计者为了充分体现大空间，采用了较多的多个框架梁相交于同一个支座，尽量减少空间要求高的支座数量（图2）。为了考虑支座受力，设计者在支座处增加环形柱帽。使得每个框架梁都能在此处均匀受力，使得传递竖向荷载更为有效。施工中，环形节点钢筋绑扎质量控制是重中之重。首先环形节点本身由6根25mm的钢筋加工成圆形，用8肢箍绑扎牢固，使得绑扎完成之后的环形节点均匀分布于框架柱核心区。施工中，钢筋绑扎本身难度较大，再加上工人操作水平参差不齐，经常出现钢筋绑扎不到位，甚至缺少二道箍筋的情况。有时即使钢筋绑扎到位，多梁在此处锚固时也会出现问题。监理部检查中发现，由于梁相交的位置钢筋密集，导致钢筋完成面标高超过混凝土面标高。

对于类似复杂的施工节点，首先在管理上进行技术创新，优化梁柱节点，在监理单位项目管理公司的建议下，郑州大剧院率先引入BIM技术，建设单位与郑州大学BIM研究所达成合作，同时借助施工方的技术力量，组织专业人员对类似复杂节点进行BIM建模（图3），将结构钢筋进行排布并对应编号，在排布过程中对每根钢筋的长度、间距、绑扎顺序、完成后标高是否超标进行检验，保证符合规范要求并便于现场施工。

多梁节点施工顺序：BIM建模排布梁柱节点钢筋→节点钢筋编号→节点钢筋下料→节点钢筋绑扎→验收→环梁节点钢筋笼吊装→梁钢筋绑扎→隐蔽验收。

在监理过程中，监理部对类似复杂节点全程跟踪。从模板开始要求选用尺寸、防火等级及容重等性能指标合格的内模，内模安装前要求必须弹线定位。环形节点绑扎完成后，监理部工程师要进行验收，验收必须检查钢筋加工安装是否符合要求，接头部位是否错开，搭接、锚固长度是否符合规范要求，是否有漏绑现象，加工尺寸是否符合要求。验收合格后方可准许吊装，环形节点钢筋笼在搬运、安装中注意不得使其变形，不允许将变形或者钢筋松动偏离的钢筋笼直接吊装。吊装完成后开始进行多梁交叉绑扎，梁绑扎务必按照BIM模拟时的要求进行，梁柱交接位置各个钢筋排布、钢筋锚固长度、标高必须满足设计

要求。做法看似简单，但极其考验工人的操作水平，更重要的是考验管理人员的管理水平。

（二）大跨度梁

根据住房城乡建设部令第37号，《危险性较大的分部分项工程安全管理规定》及"关于实施《危险性较大的分部分项工程安全管理规定》有关问题的通知"，规定集中线荷载超过20kN/m的模板工程需要编写专项施工方案。集中线荷载 = 模板自重 + 混凝土自重 + 施工荷载 + 混凝土振捣荷载。由于大剧院舞台层高较高，侧舞台高度达18m且上空有大量的钢结构，结构较为复杂，除了有多条800mm×2700mm的梁之外，在位于侧舞台台口处梁为800mm×3500mm。同时为了保证台口固定高度不变，下挂400mm×1700mm的挂板且有马道预埋件。施工难度大，钢筋绑扎质量要求高。由于该处梁钢筋规格较大（下上主筋均为Φ32，自重大），采用传统的绑扎措施无法施工。为了防止梁上部钢筋移动，保证梁钢筋绑扎的整体稳定性，绑扎中采取每隔6m设置一道梁内支撑（图4）。上下贯通的内支撑有效地加强了钢筋笼的刚度，既杜绝了梁钢筋因自重及绑扎不牢下挠、下坠的风险，又保证梁截面满足设计要求。

由于梁是超高大跨度梁，浇筑过程中，采取分层浇筑，保证浇筑的整体安全性，部分挂板处，采用了自密实

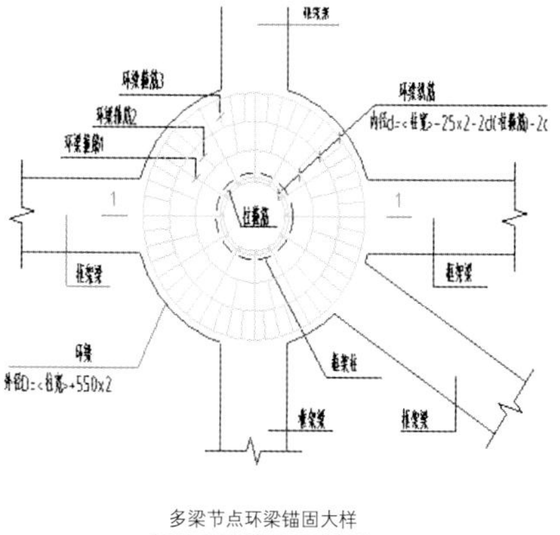

图2 环梁设计

图3 运用BIM模拟复杂节点

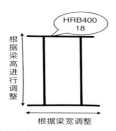

图4 梁内支撑示意图

混凝土。使得超高梁质量得到较好的控制。

（三）异形结构

郑州大剧院结构设计中采取了较多的异形梁、直柱交斜柱等（图5）。更显大剧院结构复杂性。因为主楼外围主要是幕墙结构，斜梁和斜柱的角度直接决定了后期幕墙安装的质量。监理控制的第一步是斜梁和斜柱的定位和倾斜角度。首先根据设计文件，精确计算角度和斜柱在地面上的水平投影，结合建筑施工图现场实际测量，精确地控制了斜柱和斜梁的角度问题。钢筋绑扎过程中，严格控制受力钢筋锚固长度的问题，保证结构整体稳定性（图6）。

（四）圆弧墙的施工质量控制

郑州大剧院结构复杂，3栋单体均

存在大面积弧形墙，相对非弧形墙体，弧形现浇混凝土剪力墙存在弧度、倾斜角、弧形倾斜墙体造型难以准确定位测量的问题。如采用传统模板处理方式和加固方式，效果较难达到预期。监理项目部首先要求施工单位针对弧形墙体编制专项施工方案。并根据方案的可实施性，组织设计单位、施工单位召开专题会。会上各家负责人集思广益根据以往经验并结合郑州大剧院的结构特点，制定了一种有别于传统施工方法的模板施工工艺。首先，为保证模板具有足够的柔韧度，可以按照设计要求做成相应弧度。施工时采用电圆锯把模板锯开模板厚的2/3，间距为10~20cm。加固时舍弃原有钢管加固而采用钢筋作为钢楞加固，由于钢筋拥有比钢管更好的冷弯性，更容易形成圆弧又可就地取材，重复利用率高。现场采用Φ16的钢筋配合对拉螺杆竖向间隔25~30cm布置（图7）。不但确保了加固点局部的强度，更在整体上提高了钢楞的柔韧性，确保了模板加固牢固和模板圆弧部分的顺滑。提高了弧形混凝土构件局部圆弧顺滑度，保证了混凝土构件圆弧线条的流畅。同时在模板拼缝处采用双面胶条粘贴，有效

防止漏浆。提高弧形墙拆模后整体观感质量。

（五）圆柱的施工质量控制

圆柱不仅作为结构构件，还兼有装饰功能，适合用在公共建筑的大厅等部位，郑州大剧院圆柱多位于一层，多达45根，并且角度向结构外倾斜，部分圆柱双向倾斜。个别圆柱倾斜角度达60°。浇筑混凝土时模板侧压力较大，对模板及支撑体系的稳固性要求较高。为了保证钢筋混凝土圆柱质量，监理部联合设计单位、施工单位组织专题会议，制定了针对圆柱的专项施工方案。首先从选材上，圆柱模板全部采用工厂定制的原型模板，同一截面原型模板分为两瓣；同时加工时竖向拼缝处均加工成咬齿和咬槽，有利于竖向拼缝，避免漏浆，严密性能好；加固时采用工厂随圆柱定制的带有锁紧扣的钢带（图8）；为了保证圆柱模板在浇筑混凝土时不变形，除了采用钢带加固，还采用专用紧固件配合使用。紧固件第一道距柱底200mm，向上每500mm一道，并保证柱顶有一道紧固件。在梁柱节点处根据梁高度对圆柱木模板进行切割，使圆柱模板与梁模板紧密接触，同时为了防止漏浆，在

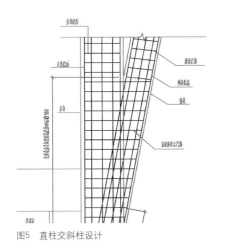

图5 直柱交斜柱设计

图6 斜柱交直柱定位检查

图7 圆弧墙加固检查

图8 现场加固示意图

拼缝处粘贴双面胶。模板制作完成后，检查圆柱中的斜柱角度也尤为重要，根据设计的倾斜角度，计算出斜柱的水平投影，使用线锤进行测量。该项检查对于结构受力影响至关重要。对于部分倾斜角度较大的圆柱，采用自密实免振捣混凝土，防止施工不当造成质量隐患。

（六）剪力墙、柱浇筑控制

混凝土浇筑后常见质量通病为烂根、漏浆等。在以往项目监理过程中，预防措施多为填塞砂浆，但效果并不明显。由于郑州大剧院对结构的特殊要求，采用了一种更为方便快捷的预防措施。在支设墙柱模板时，在模板根部外侧加设 $L50 \times 50$ 角钢，与模板一同加固增加墙柱模板根部的刚度及密封性。在放置角钢前，沿角钢底部（沿墙边线让开模板厚度）在地面上贴宽度不小于25mm、厚度不小于 2.5mm 的海绵胶条，填塞角钢与地面之间的缝隙，增加角钢底部的密封性（图9），从而减少甚至杜绝墙柱根部混凝土跑浆烂根现象出现。

（七）剧院标高的控制

大剧院3栋单体，均设有看台，其中歌舞剧场有3层看台。看台标高控制为本工程施工的重点难点。在混凝土浇筑前利用水准仪认真检查看台每一步的吊模高度是否符合设计文件和规范的要求。浇筑前，对相关管理人员做监理工作交底。并在浇筑过程中全程旁站。浇筑完成后，第一时间对混凝土完成面进行复测，确保看台施工质量。

（八）预应力施工质量控制

本工程在看台施工中采用了预应力结构，预应力波纹管和梁钢筋绑扎、模板制作的穿插施工是关键，为了保证工

图9 墙柱底部采用角钢

作相协调，与以往结构梁施工不同，预应力梁施工中要求留一侧梁腹板模板不封，待波纹管施工完成后，认真检查波纹管是否有破损，检查无误后，方可施工封模。在最终的浇筑混凝土环节，做好相关交底，振捣预应力区域时，要避开波纹管部位，以免对波纹管产生不可修复的影响，浇筑完成后根据混凝土强度报告只留预应力梁底模不拆，张拉完成后再进行拆除。

总结

剧院作为工程建设中最为复杂的建筑，设计专业较多，异形结构、大跨度结构较多。在郑州大剧院主体结构监理过程中，既学到了知识，也总结了经验和教训。通过对剧院建设的总结，笔者也对剧院建设监理质量控制有了更深刻的认识。在后续工作中，通过不断总结进步，笔者的专业水平也将会有一个较大的提高，并能更好地服务于剧院监理工作。

论监理企业在全过程工程咨询项目中的持续发展

杨海平

山西省煤炭建设监理有限公司

一、推行全过程工程咨询的必要性

（一）全过程工程咨询的定义

住建部《关于推进全过程工程咨询服务发展的指导意见》给"全过程咨询"下了个明确的定义：全过程工程咨询是对工程建设项目前期研究和决策以及工程项目实施和运行（或称运营）的全生命周期提供包含设计和规划在内的涉及组织、管理、经济和技术等各有关方面的工程咨询服务。

（二）国家推行全过程工程咨询的背景

1. 建设工程的全过程工程咨询在国际上已逐步成熟，且已涌现出许多国际知名的大公司，在许多国际大型工程中提供全过程工程咨询方已占有极大优势。

2. 在中国虽已开始推行全过程工程咨询服务，但从工程项目的数量和所能提供全过程咨询的单位以及建设工程各方对全过程工程咨询的理解等都还没有步入正轨，和国际大公司相比，还存在较大的差距。

3. 中国的改革开放政策决定了国内的建设工程咨询企业必然会和国际上的建设工程咨询公司在同一个平台上进行竞争，如果国内建设工程咨询企业再不适应全过程工程咨询的需求，将面临失去国内市场、不能在国际上挣得生存环境的尴尬境地。

4. 国家大力推行全过程工程咨询服务模式，给有发展潜力的工程咨询企业提供锻炼的环境，优胜劣汰，培养出一批具有较强的建设工程全过程咨询服务能力、能在全世界公平竞争大环境下生存的优秀企业。

二、认清目前监理企业在全过程工程咨询中的定位

（一）监理工作的生存局限性

中国当前的工程监理企业业务主要集中在了工程建设过程中的施工阶段，还有一些监理项目连全面的施工阶段监理都无法做到，沦落为建设单位的现场监工，施工单位的质量员、安全员，监理生存环境被极度压缩。

由于社会上一些单位、个人对监理工作的不理解，再加上一些监理企业的工作失误，社会上还出现了一些取消监理的言论。

（二）部分监理企业开展了建设工程项目管理

虽然部分监理企业开展了一些建设工程项目管理，将施工阶段监理的单一局面进行了上下游拓展，但也仅仅是增加了一些管理咨询，技术咨询依然欠缺，不能达到全过程咨询的需求，还需开挖潜力，积极增加企业技术咨询内容。

（三）工程监理工作在全过程工程咨询中的处境

建设工程全过程工程咨询涉及建设工程全生命周期内的策划咨询、前期可研、工程设计、招标代理、造价咨询、工程监理、施工前期准备、施工过程管理、竣工验收及运营保修等各个阶段的管理服务。

从中可以看出，当前的工程监理企业在全过程工程咨询项目中，同设计单位、招标代理单位、造价咨询单位等处境相似，如果不进行企业的战略调整、业务拓展，最终导致不适应市场需求，业务萎缩，失去竞争能力。

（四）当前监理企业专业技术人员状况

监理企业正常开展监理工作都是按照企业资质要求，从专业上和数量上保证专业人员。由于国家查持证人员社保，要求人证合一，导致不少持证人员停止注册，一些监理企业对基本的资质要求都不能保证，面临停业的情况。

另外还有一些较大的、发展较好的监理企业，储备了较多的各专业技术人员，包括国家级的建造师、设计师、造

价师等，但是从专业的全面覆盖上和数量上还不足，各监理企业还达不到独立开展全过程工程咨询服务的水平。

（五）监理企业在全过程工程咨询中的优势

由于工程监理企业在开展工作时具有协调管理职能，赋予了监理企业天生具有同建设工程的相关企业协调管理的特长，使得监理企业在向全过程咨询服务转型时，具有了先天的优势。而且，在开展监理工作时，通常都要与设计单位、招标代理单位、造价咨询单位有业务往来，也就是监理企业对除监理业务以外的其他咨询单位业务有一定的参与，也就具备一定的业务熟悉条件。

三、监理企业适应全过程工程咨询是时代发展的需要

（一）单一的监理企业已经不适宜建设工程社会化发展的需求

监理企业为了生存发展，原先单一的施工阶段监理已经不能满足需求。目前，随着国家大力推行全过程工程咨询服务，社会和业主需要的是一个能满足工程全过程咨询服务的团队，不再希望面对不同阶段、不同工作的各家专业咨询单位，希望得到一个完整的建筑产品、建设服务，直接形成一体化服务，不要各专业服务的拼接产品。

（二）中国建设工程咨询服务市场同国际市场接轨势在必行

全球化的合作必然导致建设工程咨询服务要在一个国际市场内竞争，如果工程服务企业没有做好从管理到人员技术储备的准备和实践，就无法在国际工程咨询的大市场中抗衡，甚至击败对手。如果还不进行工程全过程咨询服务的改革调整，最终的结果，要不竞争不到业务，导致企业恶性循环，直至破产；要不为了生存，游走在工程咨询产业链下游，给那些综合咨询企业提供部分服务。

四、为适应全过程工程咨询，监理企业如何发展

（一）继续做好当前的监理业务，积累发展资金、储备技术人才

企业要发展，离不开资金的大量投入，也离不开大量的专业技术管理人员。因此，继续做好当前的监理业务，保证企业具有雄厚的资金基础是十分必要的，只有企业资金充足了，才能按照企业的战略规划，针对性的实施调整和储备所需的人才储备，实现企业的转型升级。

（二）根据企业条件，做好转型升级的企业规划

不是所有的监理企业都有雄厚的资金，各监理企业必须根据自身情况做出适合的企业规划。有条件的，尽早落实企业升级转型的战略规划，以本企业为中心，收购或成立工程全过程咨询服务的各环节咨询单元，同时在当地政府的全过程咨询推动项目中，积极实践，发现不足，调整模式，逐步适应社会需求。

（三）加强横向联合，抱团取暖，度过全过程咨询的初级阶段

对于自身有一定的实力，同时又想在国家推行全过程项目咨询的市场中逐步立足的监理企业，可以考虑发挥自身专业和资金特长，横向联合其他工程咨询单位，将一些有实力的咨询企业整合在一起，解决好各单位之间的业务划分和协调运作制度，内部解决好各专业协调工作，保证整合好的团队，可以达到为业主提供工程的全过程整体咨询服务，各家都

积累开展工程全过程咨询服务的经验。

五、监理企业适应工程全过程咨询发展的注意事项

（一）精简机构，取消无效益部门

监理企业也具有大多数企业发展的通病，当企业发展壮大时，必然出现机构臃肿、一些职能部门人浮于事的情况。这些情况一旦出现，就会成为企业改革发展、升级改造的阻力。俗话说，磨刀不误砍柴工，一个充满生气的企业，上下一心，企业的升级改造一定能成功。

（二）战略目标要长远，升级改造措施要适宜

企业制定战略目标要与国家或当地政府的规划目标相匹配，企业发展的大方向不能出现大的失误偏移，这是个核心。另外，企业转型升级采取的措施要适合本企业的实际情况。不能盲目追求高大上，先保证企业生存，打好企业发展基础，在此基础上，收集、整理、准确判断出当地相关工程咨询企业的情况，同时，与当地政府推行工程全过程咨询服务的部门或单位保持良好关系，尽早得到政府推动计划，尽可能地将企业自身调整到最佳状态，高效拿到全过程咨询项目。

结语

国内、国际市场要融合，监理企业必须看清市场、认清自我，积极进行升级改造，尽快适应工程全过程咨询服务。但是要牢记，别人的永远都是经验，只有适合自己的，才是最正确的，希望监理企业努力做好当前的监理业务，同时加快推进企业内部的升级改造，保证生存、大力发展。

工程总承包（EPC）+全过程咨询模式的应用探索

高健

北京建大京精大房工程管理有限公司

摘　要：近年来，国家及建设行政主管部门陆续推出了一系列创新指导性文件，探索建筑业新的工程建设管理模式，其中，2016年发布的《关于进一步加强城市规划建设管理工作的若干意见》和2017年发布的《关于促进建筑业持续健康发展的意见》，先后提出"推广工程总承包制""培育全过程工程咨询"，为中国工程项目管理的创新指明了方向。在上述政策精神的指导下，北京建大京精大房工程管理有限公司梳理了国外工程的管理模式和发展趋势，对比研究了国内工程建设的管理模式，然后分别从国外应用情况、国内政策引导、适用范围、组织模式、与BIM技术结合等方面对工程总承包（EPC）和全过程工程咨询进行了研究，并针对工程总承包（EPC）+全过程咨询模式的应用进行了探索。

关键词　工程总承包（EPC）　全过程咨询　模式探索

一、项目管理创新之一：工程总承包（EPC）

（一）概述

1.定义

工程总承包EPC（Engineering Procurement Construction）是指受业主委托，按照合同约定对工程建设项目的设计、采购、施工、试运行等实行全过程或若干阶段的承包。

2.优势

与传统模式相比，EPC模式的优势主要体现在以下几个方面：

1）有利于进度控制，可有效缩短项目工期；

2）有利于明确质量责任，强化质量控制；

3）有利于建设项目的成本控制；

4）有利于降低业主管理投入，实现"大总包、小业主"；

5）有利于设计的优化；

6）有利于转移项目业主的风险；

7）有利于项目目标的实现。

3.适用范围

工程总承包主要适用于以工艺过程为主要核心技术的工程建设领域（如大型工业投资项目）。在这类工程中，投资规模大、专业技术要求高、管理难度大，设备和材料占总投资比例高，很多设备需要特殊定制和制造。

按照优先程度从大到小排列，适用于工程总承包的项目包括如下几种类型：①政府投资项目；②国有资金占控股或者主导地位的项目；③采用建筑信息模型技术（BIM）的项目；④装配式建筑；⑤海绵城市、地下管廊等项目。

（二）政策引导

国内工程总承包最早开始于1984年的鲁布革水电站工程。鲁布革水电站工程是中国第一个使用世界银行贷款的项目，按世界银行的规定需要进行国际招标。

此后，工程总承包模式在中国经历了30多年的曲折探索，直到2016年中共中央、国务院印发《关于进一步加强城市规划建设管理工作的若干意见》（中发〔2016〕6号），提出"深化建设项目组织实施方式改革，推广工程总承包制"，工程总承包模式被重新提出。2017年国务院印发《关于促进建筑业持续健康发展的意见》（国办发〔2017〕19号），提出"加快推行工程总承包，培育全过程工程咨询"。此后，住建部陆续颁布了《关于进一步推进工程总承包发展的若干意见》《关于促进建筑工程设计事务所发展有关事项的通知》《房屋建筑和市政基础设施项目工程总承包管理办法》《建设项目工程总承包管理规范》《房屋建筑和市政基础设施项目工程总承包计量规范》等具体制度和方案，为工程总承包模式的推行提供了政策支持。

2019年，住房城乡建设部提出"完善工程建设组织模式""加快推行工程总承包""发展全过程工程咨询""推进建筑师负责制试点"等重点工作，进一步为工程总承包模式的推行明确了具体要求。

二、项目管理创新之二：全过程咨询

（一）概述

1. 定义

全过程咨询是指业主在项目建设过程中将工程咨询业务整体委托给一家企业或多个企业组成的联合体，由该企业提供项目策划、工程设计、工程监理、招标代理、造价咨询和项目管理等工程技术及管理服务活动。

2. 特点

1）涵盖项目全过程。提供自前期策划至竣工验收阶段项目全生命周期的各类工程咨询服务。

2）强调项目总策划。包括项目的前期和总体策划，其中总体策划咨询是全过程工程咨询的首要工作，对未来项目实施起到指导和控制作用，是开展工程咨询服务的行动纲领和指南。

3）重视设计优化。紧紧抓住前期和方案设计这一最能够进行项目价值体现和成本优化的阶段，实现项目设计价值的最大化。

4）强调项目管理集成化。以建设单位的建设目标为出发点，对项目的费用估算、项目计划与进度控制、设计管理、材料设备管理、合同管理、信息管理等进行高度集成，并以有效的管理手段和合同机制进行系统性全方位的管理。

5）强调独立性。独立性是第三方咨询机构的立业之本，更是国际咨询机构的典型特征，需要在全过程工程咨询服务过程中始终坚持。

6）注重法律运用。全过程工程咨询，更加注重责任划分和合同体系，可以借助法务人员作用，规范咨询管理行为，减少过程控制风险，促进提高咨询成果质量。

（二）政策引导

20世纪80年代末期以来，中国现代项目管理和工程监理制度快速发展，在建设工程项目中逐步引入招标代理、造价咨询、工程监理、代建制等模式。工程咨询服务各阶段的相关政策在行业发展中起到了重要作用，推动了行业的标准化发展。但是碎片化的政策体系在中国工程咨询服务实践中存在界面不清晰、监管模糊的问题，难以满足市场对综合性、跨阶段、一体化咨询服务的需求。

2017年2月，《关于促进建筑业持续健康发展的意见》提出"培育全过程工程咨询"，全过程咨询在国家层面被正式提出。同时，该文件还鼓励工程咨询行业开展全过程工程咨询服务，制定全过程咨询服务技术标准和合同范本，尽快与国际项目管理模式接轨，号召政府投资项目应当起到带头作用，优先采用全过程工程咨询服务模式。此后，发展改革委、住房城乡建设部相继颁布了《关于推进全过程工程咨询服务发展的指导意见》《关于开展全过程工程咨询试点工作的通知》《工程咨询行业管理办法》等具体制度和试点方案，为全过程咨询的推广与落实提供政策支持。

（三）应用模式

传统的工程全过程咨询是建设单位在项目的不同阶段聘请不同的咨询公司，割裂性地参与相应阶段的技术咨询工作，从而串联叠加成所谓的"全过程咨询"，这种模式对把握项目全生命周期的优化和价值，具有一定的缺陷和局限性。而突破传统模式的有效方法，就是采用一体化的项目管理和咨询团队，并且实施项目全过程咨询的模式，它不是将各类咨询业务简单的叠加、组合在一起，而是融合成有机的整体，换言之，发生的是化学反应，而不是物理反应。

一体化项目团队的全过程咨询服务可以由一家具有综合能力的咨询单位实施，也可以由多家具有招标代理、勘察、设计、监理、造价、项目管理等不同能力的咨询单位联合实施。具体来说就是由一家具有综合能力的咨询单位担任咨询总包，其资质范围内的咨询业务按照合同约定由其自身承担，资质范围以外的咨询业务可以和其他具备相应资质的单位组成联合体，也可以按照合同约定并在征得建设单位同意后分包给有相应资质的咨询单位，咨询分包对咨询总包负责，而咨询总包对建设单位负责。

全过程咨询的两大要素：一是咨询总包；二是"1+N"服务模式："1"是全过程项目管理，"N"是除项目管理外的其他专项咨询业务。由一家咨询企业总负责，将原先针对众多企业的外部协调变为内部管理，这才是全过程咨询的精髓和核心意义。

三、工程总承包＋全过程咨询模式的应用探索

（一）实施工程总承包＋全过程咨询模式的问题

通过理论研究和实践调研发现，目前国内虽然有些项目试行了全过程咨询和工程总承包，但由于现行法律、法规、标准的不适应、不配套等因素，导致在实施工程总承包和全过程咨询时会遇到诸多问题。

1. 工程总承包方面的问题

1）传统的工程承发包模式是设计与施工相分离，这就造成了中国建筑市场严重缺乏同时具有设计和施工两项核心竞争力的工程总承包企业，大多只能采用联合体的方式开展工程总承包。

2）目前《北京市招标投标条例》《北京市工程建设项目招标方案核准办法》等文件未明确工程总承包招投标管理的具体要求，没有针对工程总承包招标方案的审批项。

3）工程发包之后，承包人即可进场，开始施工图设计与施工前期的准备工作，存在边设计边施工的情况。但现行政策主要针对传统工程发包模式，在施工图设计全部完成之后进行施工图报

审与审查，然后办理施工许可及其他一系列行政审批手续后才能施工。现行的施工许可管理办法中要求申办施工许可证需有满足施工需要的资金安排、施工图纸及技术资料，有保证工程质量和安全的具体措施。很大程度上限制了工程总承包模式下对于项目投资和进度控制优势的发挥。

4）工程总承包模式下的工程质量责任主体有重大变化，现行的法规政策、规范标准中针对工程验收的相关政策规定需要作出相应的调整和补充。

2. 全过程咨询方面的问题

1）目前同时具有全过程咨询全部资质及能力的企业很少，大多只能采用委托一家具有综合能力的工程咨询企业牵头，多家具有不同专业特长的工程咨询企业联合实施，由牵头单位明确各参与单位权责利的方式开展全过程咨询工作，但对于牵头企业的组织协调能力提出了较高的要求。

2）全过程咨询的取费没有依据，是采用综合报价还是各项业务单独计价再叠加的方式没有明确的规定。

3）全过程咨询模式下的工程质量责任主体有重大变化，现行的法规政策、规范标准中针对工程验收的相关政策规定需要作出相应的调整和补充。

（二）实施工程总承包＋全过程咨询模式的意义

通过上述分析可以看出，中国现行的众多建设管理模式特色鲜明且均存在诸多弊端，但由于受国内建筑市场环境和行业特性所限，这些建设管理模式还会在今后一段时间内长期并存。目前中国建筑业面临着转型升级和提质增效的挑战，全过程咨询和工程总承包正是顺应潮流进行行业创新发展改

革升级的重要举措，中国政府也在大力推行全过程咨询和工程总承包，力争打造一批具有国际竞争力和影响力的企业。

结合国内外现有的实际应用来看，工程总承包＋全过程咨询模式能够有效解决传统建设管理模式下存在的诸多弊端，并能优化整合建筑产业链，从而创造出更好的社会效益及经济效益。在中国17个全过程咨询试点地区中，山东、广西、安徽和福建在工程总承包政策中均倡导工程总承包项目宜采用全过程咨询服务。由此可见，推行工程总承包＋全过程咨询模式是切实可行的，也是行业发展的主导方向。

四、公司拓展全过程咨询的经验交流

（一）监理企业转型方面

类似于公司这样之前专一监理领域发展的企业，目前均缺少规划设计、造价咨询、招投标代理等方面的技术咨询团队及人员，现阶段不具备独立承接并实施全过程咨询的实力，需要联同多家具有不同专业特长的工程咨询企业共同实施。

由此可见，转型的首要任务就是要大力增强上述相关领域下的技术力量，引进相应的人才，同时要转变思路，跳脱出监理工作的观念，培养集成化管理的思路和方法。对于不同的企业，可根据自身的情况进行发展，比如目前暂不具备拓展条件的企业，可以既有工程咨询业务为核心，将本企业的咨询业务做专做精，前期先以联合实施的身份参与全过程咨询，在实施过程中不断累积经

验并逐步拓展其他咨询领域，慢慢做大；具有发展潜力的企业，可在既有咨询业务的基础上尽可能全面地拓展其他咨询领域，或引进或并购，尽快具备独立实施全过程咨询的实力，并在实践过程中不断积累经验。

（二）取费方面

就公司通过调研了解及目前遇到过的情况来看，北京市政府投资项目的全过程咨询费用大多按照"1+N"的叠加计费方式取费，"1"是指项目建设管理费，但由于目前没有明确的取费标准，导致政府部门无法有据地出具此笔费用，只能参照关于印发《基本建设项目建设成本管理规定》的通知（财建〔2016〕504号）中规定的项目建设管理费计取，因此与实际全过程咨询应有的管理费有些差距。北京市非政府投资项目的全过程咨询费用大多按照综合报价的方式取费，但都会经过谈判降价，其最终的总金额也与实际全过程咨询应有的管理费有很大差距。

（三）工作开展方面

公司目前需要通过联同多家工程咨询企业共同开展全过程咨询，但公司隶属于北京建筑大学，其校办企业涵盖了建筑业中的诸多领域，如设计公司、招标代理公司、造价咨询公司等，因此在采用咨询总包及分包的方式时具有一定的优势及便捷性，但即便如此，在开展全过程咨询的过程中与其他公司之间的组织协调也存在一定的问题，如公司的咨询总负责人需具有较高的咨询业务知识及综合管理能力，否则无法对其他咨询公司进行有效科学的管理；由于各公司人员不在同一地点办公导致沟通不便捷；有时工作安排及协调会不顺畅，尤其是各分包咨询公司之间的工作对接等。

浅谈全过程咨询模式设计管理的内容及措施

重庆赛迪工程咨询有限公司

摘　要： 随着全过程工程咨询这一建设组织模式的展开，对于监理企业将如何进行设计管理的崭新题目，这对于以往主要是在建设阶段管理施工质量与安全，以及安全文明施工的监理企业而言，形成了较大的挑战，本文结合各设计阶段，提出设计管理对工程项目的重要性以及设计管理的工作内容，旨在将总结的设计管理措施提供给监理企业，希望可以有所借鉴。

关键词　全过程工程咨询　设计管理

一、设计管理的作用及重要性

设计管理是指应用项目管理理论与技术，为完成建设工程项目设计目标，对设计任务和资源进行合理计划、组织、指挥、协调和控制的管理过程。

工程建设一般分为项目建议书、可行性研究、设计、招采、施工等阶段。设计决定了项目的灵魂，决定了项目是否有流芳百世的潜质，因此，在工程咨询的产品链条上，设计无疑是最重的一环。设计管理主导的全过程工程咨询项目，全过程工程咨询单位可以在项目策划、实施、招采、运营等各阶段，更为充分地领悟设计的真髓，把项目建设成完全符合设计要求的既定目标。

设计工作虽看起来是由设计院完成的，但业主与设计管理单位的设计管理对保障设计的质量、进度和投资会起到关键的作用。

设计管理，就是对涉及设计的阶段进行全面的管理，设计管理不只是单纯的流程上的管理，更应在技术和投资方面进行管理，以保证工程在安全性的前提下，使设计兼顾经济性和先进性。

二、设计阶段的划分及特点

建设工程设计，是指根据建设工程的要求，对建设工程所需的技术、经济、资源、环境等条件进行综合分析、论证，编制建设工程设计文件的活动。按《建设工程勘察设计管理条例》（国务院第293号）的规定，建设工程设计工作是分阶段的。

一般而言，设计过程是指从方案设计开始，到施工图设计结束为止的设计过程。建筑工程一般应分为方案设计、初步设计和施工图设计三个阶段；对于重大工程，在设计过程中，往往还会增加总体规划或总体设计、概念设计、扩初设计或技术设计阶段。

（一）方案设计

方案设计，是指建设方对项目实施目标的定位或设想，由建设方委托的设计单位提供总体规划构思或创意。方案设计的目的是进行多方案比选，探讨最佳设计方案，方案设计的成果可以作为编制工程可行性研究及初步设计的依据。

（二）初步设计

初步设计，是设计过程中最重要

的部分，与方案设计相比，初步设计内容更全面、更详细，是使方案设计落地的工作，同时，初步设计是项目造价控制的主要依据，也是项目成本控制的重要阶段，初步设计如果深度不够，不详细，将造成施工图阶段产生较大的设计变更。

（三）施工图设计

施工图设计的特点是可操作性，注重可实施性和可施工性，应当满足施工、设备材料采购和预算的需要，这一阶段图纸数量较多，工作量较大，但创造性相对较小，此外，还需要根据施工的需求进行图纸的修改，需要及时解决现场出现的问题。

由以上可以看出，不同设计阶段的特点是各不相同的，因此，设计管理应针对不同设计阶段的特点进行管理。

三、设计管理工作内容

（一）制定设计管理工作大纲，明确设计管理的工作目标、管理模式、管理方法等。

（二）对本工程勘察设计全过程的勘察质量、设计质量、进度、投资控制、合同、信息等进行管理，使工程项目建设达到预期的质量、工期和经济目标。

（三）负责编写设计阶段各类管理文件、设置预控要点，制定有关设计管理工作制度及工作标准，编写设计管理规划等，并采用各项设计管理控制措施以保证勘察设计管理工作的顺利实施。

（四）要求设计单位按时提交合格的设计成果，检查并控制设计单位的设计进度，检查图纸的设计深度及质量，分阶段、分专项对设计成果文件进行设计

审查。

（五）审查工程设计技术经济指标的合理性，督促设计单位按批准的可研投资估算进行设计。对设计结构的安全、可靠性进行严格把关，确保工程的整体安全性。

（六）对工程的特殊结构、复杂技术、关键工序、重要施工措施等技术措施和技术方案进行审核、评价、分析，提出合理意见。主动发现和解决设计问题，优化设计方案，对工程建设新技术、新工艺、新材料进行研究论证，对重要材料、设备、工艺进行考察、调研、论证、总结，从技术角度提出合理化建议或专项技术咨询报告。

（七）负责及时上传下达业主与设计单位之间各类信息、指令、报告、报表等。

（八）负责组织对各阶段（方案、初步设计、施工图）及各专业的设计图纸设计深度及设计质量进行审查，减小由于设计错误造成的拖延工期等情况。对设计方案、装修方案及各专业系统和设备选型优化比选，并提交审查报告。

（九）定期向业主报告勘察设计进展情况、设计中存在的问题和整改措施以及上个周期的整改措施落实情况。参与重大、疑难技术问题的处理。

（十）协调使用各方对已有设计文件进行确认。组织解决设计问题及设计变更，预估设计问题解决涉及的费用变更、施工方案变化和工期影响等，必要时开展价值工程解决设计变更问题。

（十一）对项目全过程进行投资控制管理。负责组织设计单位进行工程设计优化、技术经济方案比选并进行投资控制，要求限额设计，施工图设计以批复的项目总概算作为控制限额。

（十二）建立工程设计管理会议制

度，并整理会议纪要。提交本阶段设计管理工作总结和设计工作质量评估报告。

四、设计管理的措施

从进度、质量及投资三个方面对设计进行全面的管理，具体管理的控制措施如下：

（一）设计进度管理的措施

编制设计总进度目标，明确各阶段设计成果交付时间和相应的设备、材料招标建议计划，并提前确定设计中所涉及材料、设备的技术要求和标准。设计单位应据此完成设计文件交付，设计图纸交付计划必须满足施工进度计划要求和主要设备及材料的订货要求，项目管理中应充分考虑各设计单位、专业之间的接口配合要求和时间，及时组织设计联络会，保证设计进度。

强调计划及协调的重要性，注重事前计划和过程协调，确保进度目标实现。

设置主要控制点，包括方案、初步设计、施工图文件提交时间；各阶段设计文件内部审查，确认向政府相关机构报建审批完成时间；确认关键设备和材料采购文件之技术标准的提交时间。

（二）设计质量管理的措施

采用动态控制的方法，通常是通过事前控制和设计阶段成果优化来实现。在各个设计阶段前编制设计任务书，分阶段提交给设计单位，明确各阶段设计要求和内容，在各阶段设计过程中和结束后及时对设计提出修改意见，并对设计成果进行评审及确认。加强各专业、设计单位之间的配合，减少设计失误。注重设计评审，通过早期预警克服设计缺陷，对设计进行跟踪审查，及时向设计人员反馈工程

设计中出现的错误及设计深度不够的地方，并提出相应的改进意见，协助设计单位将工程设计做到最完善，力求将工程施工期间更改设计的机会减至最低，并在设计概算报批前，对其进行详细审核。加强施工过程的专项设计管理和深化设计管理。

（三）设计投资管理的措施

方案优化工作是设计阶段控制投资的关键。要求设计人员克服重技术、轻经济、设计保守浪费的倾向，要求造价人员应具备必要的专业知识，了解设计意图，熟悉工艺技术方案，用动态分析方法进行多方案技术经济比较，以节约工程投资。做好勘察工作，挖掘地基潜力。必要时邀请专家会同设计人员对基础选型进行分析研究，充分挖掘地基潜力，选用相对最佳的基础设计方案。进行项目投资分析，将项目的投资计划分解至各专业设计工作，以指导各专业设计工作的开展。设计过程中要积极推行限额设计，明确限额目标，实现工序管理，使限额设计贯穿于可行性研究、初步设计、技术设计以及施工图设计等各阶段。重点审查设计概算是否在批准的投资估算内，若概算超过估算，应找出原因，修改设计，调整概算。推行设计收费与工程设计成本节约相结合的办法，制定设计奖惩制度，对节约成本设计者给予一定比例奖励，从而鼓励设计者寻求最佳设计方案，防止不顾成本、随意加大安全系数等现象的发生。加强设计变更管理，规范设计变更制度和现场签证的程序。

五、设计变更管理的措施

在工程招标完成后，所有涉及设计调整的事项，包括图纸会审、施工联系单、设计洽商单等形式确定的设计调整内容，均应以设计变更的形式来体现，不得以出新版图的形式来规避工程变更审批程序，并按工程变更的程序进行审批。

因工程变更导致工程造价超过概算批复限额的（包括超过概算批复的分项指标或分项投资），还应按照工程投资动态控制流程进行管控。

六、沟通协调管理的措施

设计是由多个方面、多家单位、多个部门和众多人员共同参与的复杂生产过程，建设单位、设计管理单位、设计单位之间保持良好的沟通与协调关系，是确保项目设计顺利进行并达到项目目标的保证。

应做好与设计单位的沟通与协调，尊重设计单位的意见，了解并力促实现他们的设计意图，但也需要保证优化设计和限额设计的实行。协助业主根据工程进度需要与设计单位协商，定出提供设计图纸或变更文件的时间。协调设计单位进行设计交底，向施工单位介绍工程概况、设计意图、技术要求、施工难点等，并请设计单位解答疑问。施工中遇有技术问题或质量事故，约请设计提出处理意见。

沟通与协调的方法可以采用设计协调会议制度、函件、设计报告制度。设计协调会议制度可以分为设计方与业主方设计协调会议、设计方的现场协调会议、设计方与材料供应方设计协调会议等。

七、工程实践

重庆赛迪工程咨询有限公司作为国家全过程咨询试点企业，顺应国家推广全过程咨询的大趋势，在以实施阶段工程管理为核心业务的同时，转变思想观念，加强对设计管理的服务能力，为业主提供优质的增值服务。

（一）深圳某医院项目

2019年7月初，在深圳某医院的建设过程中，超前钻揭示的地质情况与地勘单位提供的详勘报告存在较大差异，导致该项目桩基工程设计变更超出概算额巨大，且超出预期工期。

针对此问题，赛迪工程咨询设计管理团队立即组织设计管理工程师及公司岩土结构专家共同组成攻坚小组，同时，与业主和设计单位积极沟通协调，对工程项目进行全面"问诊"，仔细核对数据，深揪问题根源，反复推敲解决方案。首先对标相邻项目的地质参数及水文参数，对地质参数逐一核实，使得影响桩基设计的桩侧摩阻力、桩端摩阻力及基岩的饱和单轴抗压强度等相关地质参数较详勘报告提高12%~30%，下调抗浮水位1.5m；其次采取合理灵活的桩基整体化、系统化的设计理念，采用桩的地基承载力与桩身强度相协调、端承桩与摩擦桩对桩径的不同需求等多种方法；采用多种专业化技术手段系统全面地优化桩基设计方案，对桩长、桩径及桩数进行全面的优化工作，同时及时跟进造价计算工作。历时一个多月，历经9个版次的设计调整，在确保安全的前提下，将原设计方案的169根桩调整为131根桩，将原设计方案的0.9m、1.4m、1.8m、2.0m共4种桩径调整为1.2m、1.4m、1.6m共3种桩径，由此，桩基工程变更增加费用由1700万减至100万以内，降低变更费用近1600万。同时，桩基工程变更对工期影响由增加工期 1 个月到不增加工期，确保了桩基工程按原进度计划完成。

（二）珠海某工业园项目

在承接该项目全过程工程咨询委托后，赛迪工程咨询设计管理团队组织公司建筑、结构、给排水、电气等方面技术人员，对施工图纸进行全面细致审核，对设计图纸中可能存在的优化部分，重新进行相关的计算。建筑专业方面，优化屋面防水材料设置，以及其他建筑材料布置，节约投资约 110 万；结构专业方面，优化厂房桩基方案、基础底板方案，节约投资约 3500 万；给排水专业方面，通过对潜污泵及管道等方面的优化，节约投资约 31 万；电气专业方面，通过对断路器及双电源开关等方面的优化，节约投资约 12 万；暖通专业方面，通过风机及管道等方面的优化，节约投资约 127 万。本项目经过设计优化后，直接节约投资约 3780 万元，此外还对图纸中建筑空间不合理，结构设计不合理，影响后期施工等方面的设计提供优化建议，同时，积极与业主和设计单位沟通协调，使优化建议逐一落地，为保证项目进度、质量、安全等提供了有力的支撑，体现了设计管理的价值。

结语

综上所述，本文提出了设计管理的重要性及工作内容，阐述了设计管理在进度、质量、投资等方面的管理措施，同时，在设计变更、沟通协调管理方面，也提出了具体的管理措施。监理企业转型为全过程咨询企业，需要加强专业能力及技术能力的培养，才能为项目提升价值。建筑工程设计对项目的造价、进度、质量等方面起着重要的作用，为业主提供优质的设计管理服务，日益成为业主对全过程咨询企业考核的重点方向，也成为业主选择全过程咨询企业的重要因素。

水电工程建设管理体制与适用监理企业市场条件

陈玉奇

中国电建集团贵阳勘测设计研究院有限公司

一、水电监理企业适用转型条件

（一）总体方向把握

水电监理企业通过多渠道、多形式提供配合、协调、管理、控制、咨询等能够产生收益但不产生"所有权"的标准、规范、流程等"包服务"的智力成果，不涉及提供有形产品的生产制造。水电监理企业受业主委托，按照合同约定，代表业主对工程项目的组织实施进行全过程或若干阶段的管理和服务，不直接从事该工程项目的勘察、设计、施工等，也不与该工程项目的总承包企业或勘察、设计、供货、施工等企业签订合同，但可以按合同约定，协助业主与工程项目的总承包企业或勘察、设计、供货、施工等企业签订合同，并受业主委托监督合同的履行。

大中型水电监理企业开展了多形式、多行业的工程总承包业务，有丰富的资源、人力、资金、技术、进度、质量、风险、职业健康、安全、环保等"包工程"的管理经验。工程总承包将无形的智力成果与有形的、分散的材料、机械设备相融合并最终物化为建筑产品，形成固定资产，企业可以接受业主委托，按照合同约定承担工程项目管理业务，但不应在同一个工程项目上同时承担工程总承包和工程项目管理业务，也不应与承担工程总承包或者工程项目管理业务的另一方企业有隶属关系或者其他利害关系。

政府主导健全全过程工程咨询管理制度，完善工程建设组织模式，培养有国际竞争力的企业。旨在提高项目前期阶段的策划和决策，建设准备阶段的勘察、设计、采购、融资，建设实施阶段的施工、监理、竣工验收，投产运营阶段的总结评价等全过程服务能力和水平。水电监理企业的施工监理、工程项目管理业务，需要从现场施工阶段为主的管理进入以工程项目全寿命（过程）周期的管理，实施阶段既是不同的概念、模式，更是一个里程碑的意义。

能否承接全过程工程咨询业务，对于水电监理企业母体为勘测设计单位的，已经积累了多阶段、多项目任务的经验，既有熟悉的业务，但也有角色转换与企业结构、业务方向的变化。水电监理企业需要自觉适应市场，准确无误定位整合资源，向上游拓展投资决策业务，做大做强勘测设计业绩；总结提高施工监理、项目管理及工程总承包业务管理业务水平；通过总结投资运营板块业务或学习运行管理经验，完善投产运营阶段的总结评价业务制度与管理。完成角色转换，向国际工程公司发展，走出国门。

对于水电监理企业的专业公司，需要认真研究自身条件，调整企业结构，积极寻找伙伴发展成为综合性监理企业与专业性监理企业相结合、大中小型监理企业相结合的架构，进而联合经营投资决策、勘察、设计、监理、招标代理、造价等业务；适应水电工程建设融资、投资、带资建设的项目管理需要，开展设计、施工、采购一体化的项目管理；企业业务方向为专业化咨询公司的，可代业主进行项目管理。必要时，接受政府指导、行业约束进行并购重组，发展成为全过程工程咨询综合企业。

（二）企业核心竞争力建设

核心竞争力具有不可替代性，水电监理企业的核心竞争力就是专有技术体系＋精益化管理体系。有一支技术过硬、能力强的高素质队伍，掌握企业发展现状，转变发展理念、发展思路，找准发展方向，形成强大的技术支撑体系；在理清发展思路、找准发展方向的基础上，完善制度，引导企业员工形成共识，集聚力量，创品牌，在市场上有话语权。有了不可替代的位置，就有了业务市场。

适应市场既规范又多样化的发展态势，企业领导必须具备强领导力，团结全体员工，培育"以品牌形象为外在表现，以创新理论为内在要求，以绿色施工为重点内容，以团队建设为主要对象"的企业文化、项目管理地域（阵地）文化。突出项目服务、项目管理：第一注重节约能源，提高资源的利用效率；第二保护环境，减少污染；第三关注职业健康、坚持以人为本。倡导"人文、科技、绿色"三大理论创新，打造企业品牌，助推水电与清洁能源的安全、环保与理性发展。

水电监理企业承揽全过程工程咨询业务，并行工程总承包施工管理，关键是管理型人才的培养储备与队伍建设。努力营造关爱人才、吸引人才、使用人才的良好氛围，做好业务能力考核认定。狠抓前期准备、实施（含工程总承包施工管理、施工监理等）、运行评价等阶段项目团队建设，充分发挥人才动力，不断创造新的业绩。

（三）全过程咨询实践

在国务院办公厅和住房城乡建设部相继发布了《关于促进建筑业持续健康发展的意见》和《关于开展全过程工程咨询试点工作的通知》后，包括江苏、广东等多个省区推出试点工作方案，实施试点积累了大量政府投资重点项目、PPP项目、工业园工项目的全过程工程咨询管理经验，但关于工程规模、招投标、费用标准等较多的事项还有待总结。

水电监理企业参与全过程工程咨询及单项咨询业务招投标，需要落实资质申报的相关事宜，跟踪全过程咨询服务的收费标准变化情况，探索、研究联合体投标或参加重组并购事宜；积极参与《建设项目全过程工程咨询服务合同（示范文本）》研讨与修订完善工作，重要事

项及时向行业主管单位建言献策。

针对建筑业推行逐渐改变建筑师单一的设计负责人身份，转向设计监理总负责、建设工程全过程技术总控等工程主导身份。对于水电监理企业来说，应强化工程师制度的回归，增加执行经理、技术人员数量，需要运行机制强化注册执行结构师、咨询师、监理工程师、建造师等综合能力，服从全过程工程咨询、项目管理工作的需要；更需要逐步适应全过程工程咨询的锻炼，必要时，专门部署增加工程总承包施工管理综合型人才的实践阶段、程序。

二、水电监理企业转型的措施探讨

（一）监理企业适应市场跟进改革

大力开拓市场。紧跟国家宏观政策，未来水电行业将突出体现"西电东送"与电源开发可持续协调和一带一路引领；2018年6月《必须招标的工程项目规定》（发展和改革委令第16号）明确了包括电力、新能源等多个行业、专业的项目方向。企业紧跟方向，改善产品供给，转型产品结构和产业结构，加强营销跟进，保证市场订单。

减少管理层级，做好精细化管理，提高运营质量、盈利能力、劳动生产率，降低成本。

强化核心竞争力，完善技术标准和工艺标准（工作流程），加强信息化手段，形成一个全过程工程咨询工作控制平台，发掘总承包业务与全过程工程咨询业务相互推进渠道，增强企业话语权促，进产业结构发展。

（二）转型时期适度规模经营，重业绩、重效益

水电监理企业无论实施施工监理、工程总承包施工管理、全过程工程咨询，必须做好传承、稳妥、可控业绩与成本。

1. 营销适度规模经营。企业跟踪经营企业资质范围的传统监理业务，可以是项目法人、业主负责制度下的监理业务，也可以是总承包项目的监理业务，还可以是新能源、水环境治理等行业的监理业务，需要以传统优势、传统业务线条获得市场份额。营销方向把握水电行业主，向包括水利、市政、交通等相关行业要订单仍然是经营方向。

结合国家政策、远近期规划，监理企业调整结构，发展项目管理业务，代表业主对工程项目的组织实施进行全过程或若干阶段的管理和服务，承接项目管理承包P+M+C、P+M+T业务，推进上游投资决策、工程建设项目管理业务拓展。

从市场实际出发，适度规模经营。工程总承包体制是建筑工程的主流模式，是企业做大做强的途径。中国勘察设计协会统计2018年勘察设计企业工程项目管理和工程总承包营业额，《勘察设计企业工程项目管理和工程总承包营业额2019年排序名单》表明共有179家勘察设计企业在工程总承包营业额排序名单上榜，较2017年的169家有增加。总承包业务，必须紧跟国家战略，推动市场高端营销，以规划为引领，培育优势项目；做好区域营销拓展，从传统业务到多元业务发展，做大做强E+P+C、E+P+CM、E+P+Cs、D+B、E-P、P-C模式总承包业务。

全过程咨询项目市场处在雏形阶段，以贵州省为例，政府投资纳入全过程工程咨询第一批试点项目仅45个，包括中国电建贵阳勘测设计研究院有限公

司在内的33家综合性企业资质单位，业务量偏小或仍然在研究推行过程中。所以，监理企业，特别是母体为勘测设计单位的企业，需要进一步利用水利、房建、市政行业包括PPP形式的平台工程，开展项目投资咨询、项目管理、总承包模式的管理探讨，积极经营，迎接全过程工程咨询改革及相应市场任务的到来。

2.重业绩。重视监理业务合同履约，企业在工程施工监理过程，积累了进度、质量、安全、投资控制与管理、协调管理、信息传递等经验，形成了成熟系统的工作方法，能够实现监理一个工程，取得一座丰碑。所以，无论是母体为勘测设计或专业的水电监理企业，均应立足传统监理业务，丰富总承包监理业务，丰富业绩，积累经验，既出成绩，同时培养大批有资格、懂技术、会管理的综合人才，能够为项目管理、工程总承包提供转身即工作的快捷职能转换，为适应全过程工程咨询服务增强实力。

无论开展任何服务，适应市场需要与综合型人才需要，均应重视总承包业务的业绩经验总结。企业精益履约和提质增效，需要加强贯穿项目签约、实施计划、采购分包、建设管理、验收竣工等全过程的精益管理，健全涵盖法律、合同、技术、财务、资金、分包等全面风险防控机制，不断提升项目服务水平。以合同为依据把握履约标准，以进度为主线科学制定计划，以效益为中心加强成本管控，精心优化履约方案，提升工程质量，降低工程投资，缩短工程工期，提高项目效益。全面开展分包方评价，加强与优质分包方长期合作；进一步规范招标采购业务，在依法合规的前提下，坚持效率优先，合理选择采购方式。

以技术服务为主线，配套网络媒体，串联企业全过程工程咨询服务对所有业务链上的点，突出企业实现工程建设安全可靠、环境友好、过程受控、达标投产、投资效益最好成果，展示业主全寿命周期综合目标最优的理念、实绩。

3.重效益。以传统监理业务为生存基础，紧密结合工程项目，加快信息与产业融合，转化先进和优秀的项目管理创新成果，提高生产力。

工程总承包可以解决当前设计、施工单位依靠扩大工程量来增加效益的弊端，能够克服设计、采购、施工相互制约和脱节的矛盾，使三者有机地组织结合在一起。机遇和风险就像是一把双刃剑，工程总承包模式带来机遇的同时也存在着大量风险。由于工程总承包模式需要足够的人力、财力，一般水电监理企业很难配备足够的资源支撑；如果大量采取外包、外聘形式，各方利益不统一，又会降低总承包模式集成管理的效果，故适用范围相对较小；项目决策阶段业主不提供具体的施工图纸，所供资料较粗略，设计构想与施工方案不确定，或者频繁变化，由此造成实际工程量与预估有较大差异；涉及建筑产品的全寿命周期，每个环节的风险各不相同，稍有不慎就会造成工程成本、工期增加，而工程总承包大多是固定总价合同，对业主进行索赔的条件苛刻，进而造成工程亏损；项目管理需协调的相关方较多，这就需要更加高水平的管理模式或管理系统，提高项目管理水平。

（三）技术进步推进

水电监理企业推进核心能力建设，一直在发展壮大，但目前存在两种需求：

第一是制度已经明确采用现代技术。雄安新区建设招标即已专门推进采

用BIM技术或者装配式技术；国家制度也明确要求：建设单位对承诺采用BIM技术或装配式技术的投标人应适当设置加分条件。

第二是水电工程实际已经推动了技术进步，倒逼企业进步。以"三峡最大、锦屏最难"代表事例，锦屏二级水电站水工隧洞施工拥有世界上综合最大规模、中国第一、世界第二埋深的水工隧洞室群，具有"高山峡谷、高地应力、高埋深、高压大流量地下水、洞线长、洞径大"的特点；参建各方发挥才智，解决了强、极强岩爆"顽疾"，实施了高水头、大流量地下水的综合处治技术，成功地化解了高地应力、逆坡高压突涌水的施工风险，解决了世界级难题，保证了工程顺利完建，充水调试成功；彰显成就，雅砻江水电公司锦屏工程荣获2015年世界工程组织联合会杰出工程建设大奖，参评2018—2019年国家优质工程。其间有水电监理企业现场机构的协调管理、精心监理经验传承，风险预控、技术管理成果，企业需要掌握、使用这些成果。

需要加快技术进步，推进科技先行转型。转型升级，最根本的是依靠科技进步，最关键的是提高企业的自主创新能力。要加大科技投入，以工程项目为载体，丰富项目管理内涵，积极推进创精品工程、绿色施工示范工程和新技术示范工程三大活动。要以开发工法与研发专利、开展QC活动为突破口，创造企业自主知识产权与核心技术，提高竞争力。

加快建筑信息化建设速度，促成项目管理升级，促进企业转型升级，包括项目风险预测与评价需要手段创新；基于数据基础上的创新和应用，在数据基础上实现信息沟通共享；企业制度运行、决策与项目管理重要环节、技术支持相关

信息的互通。通过改朝换代软硬件，开创建发BIM、大数据和虚拟现实技术，方便使用和存储大量的信息，实现集成多项目、跨专业，转化从定性到量化，提高设计和施工的效率与精细化水平管理，提升工程设施安全性、耐久性、可建造性和维护便利性，降低全生命周期运营维护成本，增强投资效益。

（四）企业对项目的支持与约束

对企业合同履约，水电监理企业要注重行业制度制约行业发展责权利不对等的问题，更要解决行业履约质量需求和服务水平提供间的矛盾。企业现场机构履约还面临因施工企业利益最大化影响，工程施工质量控制难度大；现场机构因分散及地域关系影响安全管理，监理项目管理、工程安全管理工作任务繁重。项目骨干人员储备不够，能够独立处理问题的技术人员少；监理项目管理工作标准化要满足业主要求仍然有差距等。

对于水电工程总承包的经营管理，需要与地方政府打交道，对项目招标、物资设备采购、工程施工进行管理与控制，开展验收与试运行阶段管理。企业必须考虑"设计"的关键性和全局性，设计工程师至关重要；同时安全风险、质量管理（含设备采购），执行职能管理还是项目负责人管理，均至关重要。结合行业在现有四川雅砻江杨房沟水电站、新疆阜康水电站总承包的实践经验来看，水电监理企业所从事的工程总承包更多

是在施工管理、程序管理，随着国家培育的专业建筑劳务市场的形成，逐步实现建筑工人公司化、专业化管理，水电监理企业积累的工程总承包施工管理经验是在夯实全过程工程咨询技术基础、咨询基础。工程总承包的经营管理，需要解决现场决策与授权的机制问题；专业人员、综合性人才不足问题。近年来，国内项目的工程总承包也越来越多地与融资关联，但相关方不参加工程的具体管理工作，所有过程管理、风险控制的执行者实际是工程总承包企业。

对项目管理与全过程工程咨询来说，核心在于对建筑师执业权利的扩大和相应执业责任的提升。以目前推行的建筑师负责制为例，从以往设计、造价、招标、监理等离散的咨询服务模式下建筑师仅基于委托提供阶段性设计工作，逐步发展为从设计阶段开始由建筑师负责统筹协调各专业设计、咨询及设备供应商的咨询管理服务，在此基础上逐步向规划、策划、施工、运维、改造、拆除等方面拓展建筑师服务内容，加强设计与造价之间的衔接，协助业主提升项目管理能力。转型咨询业务面临全过程工程咨询服务总工办、咨询团队组建的专业人员不足，多样化咨询业务定制不能完全适应。

所以，企业需要落实：

第一方面，解决企业治理层面上的问题（包括体制机制、组织架构、产品和产业结构），完善体制机制、组织架

构，营造良好环境，鼓励干事创业。

第二方面，解决企业管理粗放问题，完善管理模式和方法、手段，落实对资源的控制，对能力（包括人力、信息、运营、管理、财务以及整合社会要素等）的掌控。一定要落实内部机制工作标准化—标准流程化—流程信息化；一定要形成一个管理控制平台，以解决甲方与乙方、乙方与第三方的合同交集，总部与项目决策及作用发挥，项目规模扩张与人力资源的跟进等方面的管理问题，进而解决成本与效益的问题。

第三方面，针对技术支持，依据制度考核确认、筛选，任用综合型人才，严格控制项目策划评价成果；勘测设计成果；施工阶段施工图管理，对承建单位的施工组织设计、施工方案进行审查；对特殊工程地质问题处理的技术管理，需要确认试验方法，会出现方案的修订与再试验、方案再评审与最终效果检查等，对工程承建单位的技术管理评价；工程建设运行评价成果等。对工程各阶段均应通过合适方式开展管理工作，最大限度控制风险，促进技术可靠。

参考文献

[1] 陈玉奇. 锦屏水电工程超复杂地下洞室群施工监理 [M]. 北京：中国水利水电出版社，2016.
[2] 杨浦生，许春云. 水利水电建设监理工程师手册 [M]. 北京：中国水利水电出版社，1998.
[3] 陈东平. 40年的水电发展与水电监理 [R]. 宜昌：建设监理协会水电建设监理分会，2018.

中小型监理企业转型全过程工程咨询过程中的困难与实践

福建省固成建设工程管理有限公司

摘　要： 本文针对笔者所在的监理企业在全过程工程咨询服务起步过程中业务来源方面遇到的困难进行分析，并结合实践提出自己的一些建议。

关键词　业务来源　困难　设计人才　市场培育

为促进建筑业持续健康发展，国务院办公厅于2017年2月发文《关于促进建筑业持续健康发展的意见》（国办发〔2017〕19号）提出了深化建筑业改革意见、"完善工程组织模式"的改革措施，培育全过程工程咨询。随后住建部、发改委也发布了多个相关文件，积极鼓励并政策引导扶持、培育有能力的工程咨询相关企业升级全过程工程咨询服务。福建省住建厅会同发改委、财政厅于2017年9月份也发布了《全过程工程咨询试点工作方案》，笔者所在的监理企业因前期的业务拓展，已经具备建筑设计甲级资质，有幸能进入福建省试点单位名录，积极响应国家的政策方针，派人员学习全过程工程咨询的相关政策以及经验交流，组织公司各专业骨干——特别是建筑设计骨干学习全过程工程咨询的相关课程，组建全过程工程咨询管理团队。"万事俱备，只差业

务"，大家都做好准备接受检验。可是，全过程过程咨询服务的开展，却比想象中来的困难。

一、企业资质准备与人才准备

企业资质准备方面。公司前期为拓展业务，在建筑工程与市政工程双甲监理资质基础上已经陆续取得招标代理乙级（资质取消）、造价咨询乙级、人防工程监理乙级、建筑工程设计甲级、建筑装饰工程专项设计乙级、市政行业（环境卫生、排水工程）专业乙级、建筑装饰装修工程专业承包乙级、工程咨询单位乙级资信预评价。资质获得审批通过，需要相应的执业资格人员要求。取得资质，公司也就拥有全过程工程咨询各个阶段所需的执业资格人员，也就具备了

全过程工程咨询主要阶段的各种人才。目前公司在职员工中拥有包括工民建、市政、给排水、暖通、电气、设备等各专业人才，其中具有国家一级注册结构师、国家一级注册建筑师、国家注册监理工程师、国家注册造价工程师、国家注册公共设备师（暖通、电气、给排水、动力）、国家一级注册建造师、国家注册咨询师等资格的共90余人。公司与其他监理企业相比，在转型升级全过程工程咨询服务上，已经先走了一大步。

全过程工程咨询立法还滞后。资质准入方面，住建部的指导意见没有明确是否必须以设计资质或监理资质为主来承接业务，或是单一资质都可以承接业务。从其公布的试点单位名单，都有工程设计的背景。福建省全过程工程咨询试点工作方案则明确要求试点单位应具备工程设计甲级资质。工程项目实务中，项目设计

方案最早介入，决定了项目投资决策；项目设计质量决定了项目投资成本与收益，设计质量也是决定工程质量的重要环节，直接影响施工质量。设计阶段的技术含量、重要性在工程各个阶段中无疑是最高的。设计业务最早介入，对承接全过程工程业务也具有先天优势。因此，全过程工程咨询中设计咨询应该是最重要的，不管以后立法准入有没有要求必须具备设计资质，监理企业要想转型升级全过程工程咨询，都必须积极通过各种方式获得设计资质，拥有设计人才，才能在发展中处于主动状态。而全过程的其他阶段，可以通过转委托的形式来完成咨询服务。

二、业务来源困难分析与建议

在全过程工程咨询试点阶段，还未立法进行相关规定，在没有服务技术标准、合同体系，以及酬金取费标准的情况下，可以融合工程项目各个阶段的法律法规、技术服务要求以及酬金取费，进行叠加，参照执行即可。笔者所在的监理企业已经具备工程项目各主要阶段技术服务的准入资质及设计等人才储备，具备承接全过程工程咨询的能力，急需业务来练手、管理磨合。可是，在业务来源方面却是困难重重。

业务来源有国有资金政府投资项目与非国有资金投资项目。福建省全过程工程咨询试点工作方案中要求政府投资项目优先、带头采用全过程工程咨询试点，鼓励非国有资金投资项目积极参与。在试点期间，政府投资项目确实推出采用全过程工程咨询的项目，但是委托方式都是邀请招标，这种邀请招标，中小型的民营监理企业就处于非常不利的局面。

合同金额小于必须招标限额 100 万元的，按法律可以不招标，但为规避风险，业主单位也往往采取邀请招标方式。合同金额超过必须招标限额，不适用《招投标法实施条例》第八条可以邀请招标的例外条款，即必须公开招标的，业主单位还是采取邀请招标方式。可能是根据《招投标法实施条例》第八条可以邀请招标的例外条款"（一）技术复杂、有特殊要求或者受自然环境限制，只有少量潜在投标人可供选择的"，在程序上经过核准审批报行政监督部门确定。全过程工程咨询试点工作，福建省列入试点单位的有 22 家，住建部列入的有 40 家，不可能"只有少量潜在投标人可供选择"，所以采取邀请招标有违反招投标法之嫌。也可能是这种原因，采取邀请招标都偏向邀请大型的全过程咨询企业。总的来说，国有资金投资项目采取邀请招标的，一般都是邀请业绩、实力、品牌靠前的大型的国企，对中小型监理企业非常不利，基本不可能被邀请。

政府投资项目是企业业务的重要来源。因此，在试点工作结束后，希望政府能尽快出台相关法律法规，确定全过程工程咨询的准入资格等其他相关规定。特别是能明确政府投资项目的委托方式，达到一定限额依法必须公开招标。且在全过程工程咨询初始发展阶段，能在政策上扶持中小型民营企业，招标时能少些业绩的要求限制，鼓励中小型监理企业积极地参与招投标活动，从中获取业务，通过"放、管、服"，引导培育公平竞争的市场环境，让全过程工程咨询健康发展。另一方面，可以邀请招标的项目，还需要企业积极与业主单位沟通协调，展示自己的实力，有提供优质的服务的能力，争取进入被邀请招标名录，

参与招投标竞争取得业务。

业务的另一个来源是非国有资金投资项目，《住房城乡建设部关于推进建筑业发展和改革的若干意见》（建市〔2014〕92 号）中提出改革调整发包委托方式，建设单位可以自主直接委托。发改委发布的 2018 年 6 月开始施行的《必须招标的工程项目规定》以及《必须招标的基础设施和公用事业项目范围规定》，对必须招标的项目范围明确列举，列举以外的可以不必招标。即在立法层面上将非国有资金投资的房屋住宅、市政、体育科技文化教育等项目排除出必须招标项目范围，明确可以不需招标，由建设单位自主选择服务单位，这样业务就要靠市场经济规律竞争。企业在具备能力承接全过程工程咨询服务的情况下，必须做好宣传展示工作，与潜在客户积极沟通，改变其传统的"碎片化"项目管理思维，接受全过程工程咨询的服务方式。从客户角度来看，能得到优质的服务，又能节约投资费用，"省心、省钱"何乐而不为。所以关键是咨询企业要能提供优质服务，而且收费又比传统的委托方式低。这就需要向客户展示有提供优质咨询服务的能力，进行分析成本，提供比传统委托模式更低、更合理的报价。在全过程咨询起步阶段，建议可以先以成本价或微薄的利润来承揽业务，"练人手，重服务，创品牌"，提高市场竞争能力，抢占市场份额，完成全过程工程咨询服务升级转型。

三、全过程工程咨询服务的实践

通过公司前期设计业务的承接洽谈，业务延伸承接到第一个全过程工

程咨询服务项目。某高科技企业工业园，项目总征地面积 64246.67m²，总建筑面积约 219091m²，其中地上建筑面积约 182141m²，地下建筑面积约 36950m²。目前拟进行全过程咨询的内容为三期：4 号厂房面积约 14752m²；6 号员工宿舍面积约 26355m²。三期地下室建筑面积约 17195m²。目前，该项目正在前期策划阶段，委托全过程工程咨询内容包括前期报建报审管理、工程勘察、初步设计及概算、施工图设计、施工图预算编制、工程监理、工程竣工结算、工程移交保修管理。除工程勘察没有资质采取转委托方式外，公司各个阶段都有相应资质，可自行履行工程咨询业务。虽然项目不大，合同价格不高，公司领导也高度重视，组建了建筑师牵头，由各专业骨干组成的管理团队，开始为业主开展全过程工程咨询服务。现在正在前期策划阶段，已经完成咨询成果文件有项目总体控制目标计划、总平方案设计报批。项目正在有条不紊地进展中。该项目全过程工程咨询的成功承接运营，为公司业务的开展带来良好的开端。

公司也正在积极与几个潜在的客户业主互动沟通中，争取说服业主采取全过程工程咨询服务方式并能参与竞标承接业务。某学校学生宿舍及田径场项目，批准用地 16443.2m²，拟建学生宿舍、田径场地下室、环形架空跑道及配套工程。该项目业主单位采用全过程工程咨询服务，在福建省试点单位中邀请 3 家招标。第一次招标流标，公司在网上查到消息后积极与项目业主联系沟通，了解了项目基本信息。该项目业主积极响应国家政策，改变传统的工程组织模式，项目设计施工采用 EPC 承包方式发包，项目管理采用全过程工程咨询。可是业主单位对全过程工程咨询理解有点偏差，其招标的全过程工程咨询服务内容包括：项目决策策划、项目实施总体策划、报批报建管理、勘察设计管理、施工监理管理、投资造价咨询管理、设计优化、招标代理、合同管理、竣工验收管理、后评价及工程决算管理等。按其招标的服务内容，更倾向于代建管理，不包含设计、监理、造价等实质上的建设项目服务内容，每一项还是必须单独招标，项目过程服务还是"碎片化"的单项服务。这样看来，全过程工程咨询的宣传还是不够到位，业主单位理解还是不够透彻。也可能是因为全过程工程咨询未立法明确委托方式，项目业主为了规避法律风险，控制服务价格在必须公开招标限额 100 万元以下，可以进行邀请招标。或许也正因为其招标的服务只是代建管理，邀请招标的试点单位中大型设计单位没有很大意愿投标承接，造成流标，也给了公司参与的机会。公司正积极地与业主单位沟通，展示自己的能力，表达了承接意愿，希望能在第二次招标中被邀请，争取中标。

业务市场来源是企业生存发展的重要基础。现阶段中小型监理企业要发展全过程工程咨询，更是要主动走出去，积极与业主沟通宣传，争取业务，培育市场。

结语

中小型监理企业升级转型全过程工程咨询服务，机遇与挑战并存，需要企业自身积极的准备，储备工程项目各个阶段的资质、人才，直面问题，提高技术服务水平，积极开拓业务市场；更需要国家政策、法规的支持，引导、培育公平竞争的市场环境。

监理队伍建设与人才培养

周建伟

山西安宇建设监理有限公司

一、优秀企业文化的培养和倡导

企业文化的培养和倡导，融汇于企业的经营理念、管理方式、价值观念、群体意识和道德规范等许多方面，是企业的核心竞争力。良好的道德理念和行为规范是企业生存的首要条件，孝敬父母、尊老爱幼、诚信做人是中华民族的传统美德，也是一个人立足于社会的根本，作为监理从业人员更是能否做到公平、公正、诚信监理的必要条件，监理企业必须大力培养和倡导。定期召开全体员工大会进行集体教育，统一思想、统一认识，以监理行业涌现的先进人物为教材，树立本单位模范监理人员为榜样，通过制度的落实来巩固思想教育成果，分期、分批举办小型研讨会，结合国家的相关法律、法规学习，使员工自觉成为守法律、讲道德的人才，对有损公司形象的现象要严格打击，用严明的纪律约束员工的行为。制定合理的工作制度、公正的奖惩制度、公平的薪金待遇制度，集中体现了监理企业文化的实质。在处理薪酬调整、绩效考核、岗位晋升、合同转签、劳动保护、工伤、保险等涉及员工切身利益的事项方面，要公平、公正、公开。在维护员工合理利益、保证处理时效的同时，及时与员工建立沟通渠道。企业定期举办丰富的文化娱乐竞赛，活跃员工文化生活，增加员工之间相互交流、学习的机会，增强员工对企业发展的信心。企业文化需要人文力量，人文力量需要沟通环境，领导与员工沟通渠道畅通，员工对各种制度满意和认同，就会自觉去遵守，企业文化通过建立共同的价值观念、企业目标，把员工凝聚在企业周围，使员工把个人的行为统一于企业行为的共同方向上，从而凝聚成推动企业发展的巨大动力。

二、人才的聘用

一支高素质的监理队伍由一群高素质的人员构成，这就使员工的聘用工作显得很重要。首先，在原有职工中建立公平、公正的绩效考核机制，只有通过绩效考核，才能更科学地评价员工的工作能力和价值；才能确保组织内部竞争机制的良性运转，真正实现人才能上能下、待遇能优能劣、充满活力的用人机制，聘用工作能力强、经验丰富、品德良好且年龄适合、身体状况良好的老同志，在监理工作中起到传、帮、带的作用；聘用年富力强、技术、能力水平高的中年监理人员，这些人员是监理工作顺利完成的主要力量；吸引、招聘高学历、高品德、责任心强的年轻人，重点培养、教育，尽快熟悉业务，胜任工作岗位，为企业的长远发展储备强大的后备力量。淘汰绩效考核中不合格人员，尤其是在监理工作中未出成绩先讲条件、个人利益至上的人员；工作中"吃、拿、卡、要"严重损害企业形象人员；还有就是能力差、技术水平低的人员，以上人员要坚决辞退。对于有一定工作经验但身体状况差的临时聘用人员要及时劝退，对于品德好、有一定监理经验但明显已达不到现代施工技术要求的人员，要及时调整岗位，人才专业结构、人才资质结构、人才年龄结构要合理，这是建设高素质监理队伍的基础。

三、建立常态化人才培养机制

提高员工的综合素质是监理企业发展的根本，人才的培养，监理队伍综合能力的提升，是确保监理企业生存与发展的基本条件，好员工都是培养到位的成果。人员素质包括两个方面：一是人员的专业技能；二是监理人员的职业道德。面对激烈的市场竞争，监理企业必须注重科学的人才培训工作，不断更新人员的专业知识，调整其知识结构，为员工创造不断学习提高的机会。一方面要建立一套齐全的企业内部员工培训制度和计划，主动更新员工的专业知识。现代建筑施工技术日新月异，新技术、新材料、新工艺在实际施工中的充分运用，要求监理人员不断地去学习和掌握发达国家已经成熟的BIM技术，在不久的将来国内广泛的推广应用，这就要求监理人员必须与时俱进，熟练掌握先进施工机械的使用、节能环保技术的更新和必要的安全措施等，要求监理人员必须认真来监管，而现有国内大部分监理企业和人员还缺乏这方面的知识。原因包括这几年国家对监理行业定位不准确，监理行业不能完全作为独立第三方对建设工程进行监管，建设方为追求利润盲目指挥，施工方素质差等造成了监理行业为了生存低价竞标，违心听从建设方意见，以致于监理企业为节省成本聘用低价低能的监理人员。退休建筑企业员工、下岗职工还有非工程类专业人员在监理企业仍占很大比例，技术能力已远远跟不上建筑施工的需要，由于薪酬较低，年轻的专业人才不会选择监理行业。还有些地方政府随意加大监理企业在建设工程中的责任，使得真正专业监理人才流失。随着国家对监理行业的逐步改革，监理行业将成为全方位工程咨询管理机构，这就要求监理企业必须提高自我素质，适应新的行业要求，对本企业人员进行全员素质培训。素质培训要有计划、有督查、有实效，并且常态化，员工通过培训提高了实际工作能力，也就有条件、有信心去挑战更高的平台。另一方面，要建立培养员工成长和发展的平台，结合员工职业生涯规划，畅通员工发展通道，营造员工发展环境，

实行奖惩激励机制，促进员工快速成长。大胆任用文化水平高、接受能力强的年轻技术人才，让员工充分发挥个人才能，实现自我价值，反过来企业也会因员工的提升而得到良好的效益回报。

四、建立行之有效的绩效考核制度，激励员工的创造性

激励员工的创造性是企业发挥人力资源优势的重要手段，对于有能力的监理人员要给予充分的个人发挥空间，适当赋予一定权力，尽可能帮助其进行创造性的工作，合理调动监理人员的工作积极性，不仅要根据绩效考核实行按劳分配的原则，而且可根据业务能力和现实表现及时给予奖励和调整薪酬水平，定期和合理的绩效考核是企业有效发挥每位员工积极性、能动性、创造性并且与竞争机制、激励机制和约束机制相连接的关键所在。为此，须切实地把员工的绩效考核成绩与其薪酬挂钩，使员工各尽所能，不断创新，保障监理工作顺利完成。

五、保持监理企业的核心人才数量稳定

建设监理是一种高智能、科学化的有偿技术服务，作为监理单位，高智能复合型人才是企业生存和发展最宝贵的财富和源泉，也是监理企业内部的核心人才。监理企业核心人才的特殊能力，是监理企业核心业务具有竞争力的有力保障。

一旦企业失去其赖以强大的核心人才，也就是失去了其核心业务的优势地位。监理企业要想保持在行业内的竞争优势，必须保持企业核心人才队伍的

相对稳定。为防止人才流失，能培养出人才和留得住人才，特别是高级技术和管理人才，这些人员可以通过企业自己培养，也可以从社会上招聘，但首先应该是自己培养，做好企业人力资源的开发管理工作，使监理企业内部那些有敬业精神、水平高、业务能力强、乐于从事监理事业又积极负责的人才能有用武之地，委以重任，要给予高报酬，高待遇。一般来说，高薪酬会招来和保留高水平人才，监理企业的核心竞争能力就会越强，企业声誉会更好，相应也会带来很高的利益，而低薪酬只会招来低能力人员，以致于企业竞争力越来越差，给外界感觉这个企业没有发展前途，终将会被监理行业淘汰或兼并。确保核心人才的稳定性，有效提高员工工作的积极性和对企业的忠诚度，使员工与企业同呼吸共命运，保持监理企业的核心竞争力。

六、建立高效的监理团队

监理公司是由多个项目监理部组成的，总监是项目部的负责人，每个监理部就是一个小团队，根据员工的知识结构、管理能力、个性、年龄等因素合理搭配组成人员，让每个员工在不同的岗位上都能发挥不同的技能，都有施展才能的机会，让每个员工都有责任感和主人翁意识，使每个人在团队中发挥更大的潜能。各个小团队高效、有序地完成项目部的监理任务，赢得建设方的认可，树立了监理公司整个大团队的良好形象，监理公司实行公平、公正的考核管理制度，合理协调各个项目部的关系，树立正确的团队精神，使得公司成为一个团结、高效、创新的团队。

七、廉洁自律 树监理企业新形象

个人的外貌是给他人形成第一印象的重要因素，如果把一个公司比作一个人，公司形象便是一个公司的"外貌"。公司形象是公司内外对公司的整体感觉、印象和认知，是公司状况的综合反映。好比观察一个人，有内在气质和外在的容貌、体型之分，公司形象也同样有这种区别。形象好、声誉高的公司，能够吸引更多的投资商、合作商，监理公司作为一个服务性行业，形象和声誉尤为重要，树立良好的公司形象，赢得建设工程参建各方以及社会各方的认知与欣赏，扩大公司知名度，才能得以长久发展。所以廉洁自律，树监理企业新形象，是当前监理行业长期发展的重要任务。

监理单位作为工程建设的主要管理方，在工程建设管理过程中做好廉洁自律，是公平、公正、科学地开展监理工作，维护建设各方利益的基本前提。一段时间以来，在工程建设过程中，监理人员有很多检验、验收、审批权力，在

行使这些权力的时候，个别监理人员利用这些权力，要求或暗示施工单位请客吃饭，送烟送酒甚至送钱，给监理企业抹黑。有的监理企业为了拿到监理业务压低中标价格，为节省运行成本低价雇佣素质低、水平差、道德标准低下的人员，只顾眼前利益不谋求长远发展，对整个监理行业造成很大影响。杜绝此类现象还需每个监理企业提高自身管理水平及人员素质培养。

廉洁自律，树监理企业新形象，首先要严格管理，加强监理工作制度建设和管理，要确保监理队伍的廉洁，不仅要贯彻落实好总监责任制下的人管人制度，还要落实好制度管人，监理企业通过建立有效的监理控制制度，保证各项工作的完成与落实。监理企业要拿出"壮士断腕"的决心，对违反廉洁自律的人员，不管资历多老、水平多高，坚决按制度处罚，对于多次违规要坚决辞退。其次，对监理人员不断加强素质、情操的培养，树立正确的价值观、人生观、权力观、利益观。对新员工集中进行廉洁自律教育，经常性以答题方式对监理

人员进行培训教育，以达到警钟长鸣的效果。其次完善、强化检查、督促机制，各项目部自检，部门经常性巡检，公司季检、年检，发现问题及时处理纠正。然后监理单位要主动征求各方意见，通过书面问卷调查和登门拜访等方式，主动征求建设单位和施工单位对监理单位的意见，及时发现监理人员的不当行为并予以纠正，从而达到防患于未然的目的。廉洁自律关系到监理企业的信誉，关系到监理企业的生存与发展，所以廉洁自律要常抓不懈，树立诚信、守法、公正的监理企业新形象。

总之，监理队伍的建设和人才培养，监理单位与个人能否规范自身行为，与时俱进，自我加压、自我提高；利用先进设备、先进技术提高服务质量；监理单位及个人廉洁自律、自我尊重，树立良好形象，提高社会影响，是当前和今后每个监理企业都要面对的实际问题，能否在行业内长期立足与发展，只有具备合格且优良的监理队伍，才能在建筑市场站稳脚跟，获取一定的经济效益和社会效益。

浅谈尼泊尔水电工程项目管理

曹刘光

中国水利水电建设工程咨询西北有限公司

一、工程概况

尼泊尔上马相迪 A 水电站位于尼泊尔西部甘达基（Gandoki）地区马相迪河的上游河段上，是由中国电建集团海外投资有限公司采用 BOOT 方式控股开发的项目，是一座以发电为主的径流引水式枢纽工程，控制流域面积 2740km^2，主要由泄水闸坝、引水隧洞、发电厂房和开关站等建筑物组成。库区正常蓄水位 902.25m，电站总装机 50MW，年平均发电量约 3.17 亿千瓦时。

二、项目管理的几点做法

中国企业积极响应国家"走出去"号召，实施国际优先发展战略，参与国家"一带一路"倡议、推进国际产能和装备合作，致使越来越多的企业到尼泊尔承揽项目，但是由于风俗习惯、宗教信仰、思维方式、法律制度等不同，造成了工作管理中"水土不服"的情况以及各种"病症"出现，致使项目管理工作混乱、效率下降、成本增加，因此能否做好尼泊尔水电工程项目的管理工作，是决定项目成败的关键。本文结合尼泊尔上马相迪 A 水电站项目管理，着重谈谈以下几个方面特点：

（一）尊重当地文化，创造良好的人文环境

中国企业进入尼泊尔，首先应学习当地文化，消除文化冲突，消除自我参照准则。在跨文化经营管理与交流中，存在一种误区，人们往往自觉或不自觉地以自身的价值观念和标准去解释和判断异文化群体的倾向，认为类似自己文化的行为是正常的、优秀的，而不同的则是不正常的、落后的。这种文化差异是文化冲突的根本原因，要消除文化冲突，就要分析识别不同文化间的差异。在掌握了一些基本的跨文化知识和沟通技巧后，必须进一步认识中国的文化与尼泊尔文化究竟存在多大的差异以及这些差异主要表现在哪些方面，以便对项目的经营管理作出相应的调整，使其与尼泊尔文化环境相和谐。文化差异对项目的影响，分为三个层次：价值观念，即判断是非的标准，这种差异带来的摩擦和冲突常常不易消除，只能通过教育逐步转变；风俗习惯，由此引起的冲突可以通过较长时间的交流、相互影响而消除；技术规范，可以通过人们对知识的学习而逐渐掌握。项目部必须明确区分文化差异中哪些属于价值观念的差异，明确树立项目团队文化的主体，即形成共同的价值观，以此来引导全体员工的

行为；哪些属于风俗习惯差异，可以去影响它、改造它；哪些是属于设计规范不同，通过组织学习培训直接改造它。通过分析识别文化差异的类型，找出消除文化冲突的正确途径。比如，尼泊尔人不喜欢加班，同时他们的节日也比较多，所以在节假日是必须放假的，这是他们的政策，同时也是一种习惯。

（二）完善用人机制，优化人力资源，建立一个高效的管理团队

1. 开展外派人员的选拔和跨文化培训

任何项目在最初选择外派人员时，总是瞄准专业技能最强的人员，但实践证明，驻外人员面临的最大挑战不是工作本身，而是新文化背景给驻外人员带来的跨文化交往中的障碍。首先是外派人员的选拔。除要求具有良好的专业技能外，还要有比较出色的语言、人际关系能力，还要有去国外工作的强烈愿望，对任职地的文化有较丰富的知识，且行动弹性大，适应能力强，思想开放。其次是对外派人员进行跨文化培训。跨文化培训主要是培养外派人员在国外项目施工中的跨文化理解能力和文化适应能力。培训的主要内容包括对文化的认识、文化的敏感性训练、语言学习、跨文化沟通技巧及冲突处理、地区文化情境模

拟等。培训的基本途径主要有两种：一是通过公司内部的培训部门进行培训；二是利用外部培训机构进行培训，如培训机构、科研机构及各种文化协会等。通过跨文化培训，员工提高了对不同文化的适应性，就能够迅速地进入工作角色，融入项目团队。

2. 针对中外员工的不同特点进行灵活使用

首先，在工作中加强培养和锻炼，提高所有人员的素质。对技术工人，通过观察，将成绩突出、能力较强的选拔出来，通过培养锻炼逐步将其转化为技术型、管理型的工人、工长。对于管理人员，尽量安排培训机会，让他们学习掌握当地法律法规、制度规范，加强与项目所在国本地语言、文化的融合。这些措施，不仅有助于员工自身素质的提高，也有助于项目的顺利实施。其次，努力发掘各类雇员的特长，优化调整岗位分工。国内派出的人员往往是根据其以往的经历和能力进行选拔的，是基于一定条件作出的判断。技术工人在选拔时可能条件相仿，劳动技能水平相当，管理人员可能适应他们以前所处的环境，能胜任其岗位的职责。但在国外新的条件下，部分人往往会逐渐显现出各种特有的才能，也有部分人可能无法胜任新环境下的工作。因此，努力发掘各人的特长，根据情况合理调整岗位安排，把他们放置到能发挥他们最大优势的位置上，实现人力资源的合理优化配置，加强对当地劳务的沟通，可以让管理施工人员在工作中避免因为语言差异带来不必要的损失以及误会。

3. 实施属地化管理及人才本土化策略

属地化管理是国外项目管理的重要组成部分，以上马相迪Ａ项目为例，为了有效实施文化融合，聘请了当地的律师、会计师、合同工程师等负责协调当地相关法律、财税、合同等事务，同时，聘任当地村长负责现场施工的协调管理，他们深知当地的文化传统及其影响下的行为和思维方式，能顺畅地与当地部门进行沟通，达到很好的效果，对于化解文化冲突、促进有效合作具有重要的作用。人才本土化战略不仅避免了因文化差异造成的经营管理上的损失，而且增强了所在国的信任感，保证了项目管理人员的相对稳定。还最大限度地消除了文化上的隔阂，增强项目公司与所在国政府部门打交道的能力。

4. 实施弹性的激励约束机制，奖罚分明

对于作业层人员，要建立多种形式的物质报酬激励和约束机制，除正常工资奖金外，适当以增加补贴、改善劳动条件、建立长期雇佣关系等目标进行诱导，防止项目人力成本过大。对于管理层人员，首先充分了解不同人员的目标，区分各个目标分别设定激励、约束方式，给予他们充分实现个人价值的发展空间，充分授权、委以重任，发挥其聪明才智与创造潜能。另外，对于当地雇员要强化制度约束，完善管理制度。在遵守当地的法律制度的基础上，结合项目实际情况制定当地人员聘用制度以及有效的绩效评价和奖罚标准。在雇佣时以当地相关法律为前提谈定条件，明确要求，在管理上争取主动地位。同时，要避免激励约束方式的单一化造成的低效率，建立对外有市场竞争力、对内公平公正的目标导向的弹性激励约束体系，促使每个当地人员充分发挥自己的特长，同时应该和当地劳务人员搞好

关系，在工作中是上下级关系，在生活中是朋友，这样才能让工作顺利进行并保证工作效率。

（三）加强国外项目的文化建设，营造和谐的内部氛围

项目文化建设是直接反映项目生命活力的一个因素。一个项目搞得好和坏，最直接的表象就是项目部这个团队是否有战斗力，员工队伍是否有执行力。在一个具体的项目上，企业文化建设首先要体现项目部内部管理上的人性化，抓好后勤服务，把饮食搞好；根据实际情况尽量创建一个合适的工作和起居场所；配置一些文体活动设施，比如篮球场、羽毛球场等；强化企业价值观、企业精神、企业理念等，使之深植于每位员工的脑海中，教育管理人员在待人接物中要有礼有节，在处理与业主关系、来往设计文件要做到规范到位等。企业文化建设在现场主要表现在文明安全生产上，包括悬挂具有人文关怀的安全标语警示、配备齐全的安全设施、保持干净整洁的生产现场、一线员工着装统一等。

把项目文化建设搞好了，不仅会给内部团队带来无穷的动力和激情，还会从外部得到社会的认可，决不能轻视这一块。项目部内部尤其是领导班子成员之间要加强沟通，这是增进共识、消除分歧的有效途径。上马相迪Ａ项目部建立了定期周例会制度，为项目部成员提供一个有效沟通的平台；利用业余时间组织一些丰富多彩的文体活动，如各种球类、棋牌比赛、徒步、登山等，安排各种形式的座谈会、会餐，在轻松活泼的氛围中加强了员工之间的沟通，消除了彼此的隔阂与矛盾，也消除了员工在异国他乡的孤独、沉闷感；项目部还定期公布公司的经营状况、新闻动态等，让大家充

分了解上级组织的情况，理解国内员工为项目付出的辛勤劳动，增强公司团队的凝聚力，使之成为一个和谐的大家庭。

（四）创新领导方式，拓宽民主渠道

1. 提高项目经理的领导水平

项目经理是项目的主要领导，其水平和能力，直接决定了项目管理的模式和方式，进而影响项目的运作。实践证明，国外项目的项目经理，仅仅是工程技术方面的权威或专家是不行的，还必须有雷厉风行的作风，团结班子的艺术，亲和力和威信，强大的人格魅力，处理主要矛盾和问题的方法等。项目经理必须时刻与员工站在一起，解决员工的实际困难，确立起"领导 + 朋友"的关系，激发员工的创造力与归属感，才能形成团队的凝聚力、战斗力。

2. 充分发扬民主，形成人人参与管理的模式

任何一个人都无法把一个国外项目管理好，在项目管理和施工生产上，必须充分发扬民主，号召全体职工参与项目管理，多方征求意见，形成良好的民主氛围。同时，项目部要实行职工建议制度，鼓励员工特别是当地员工献言献策，特别是对项目管理和施工生产提出意见和建议。对职工提出的意见和建议，一旦采纳，要给予适当奖励，对不采纳的建议，也要以口头或书面的方式提出理由，这不但提供了一个与员工沟通的平台，也在很大程度上激发了员工的参与意识，给项目带来了活力，起到了沟通不同文化背景员工的桥梁作用。

（五）积极加强对外沟通协调，创造良好的外部施工环境

首先，要加强与项目所在地政府部门的沟通联系。上马相迪 A 项目部积极开展社会公益活动，捐助学校文具用品，帮助当地修路、修庙或者与当地政府部门举行座谈会、娱乐活动、联谊活动等，使其政府官员了解、理解并支持项目部的各项工作，达到沟通协调的目的。

其次，要与当地企业建立密切合作关系。上马相迪 A 水电站工程所需的水泥、钢筋、机械配件等，均依靠当地企业的协助，比如钻机、挖掘机、装载机、自卸车等坏掉，必须得通过当地某些企业工厂提供帮助。对于一些重要的客户、供应商，要在互利合作的基础上建立长期关系，注重双方各层次的往来，签订长期供销合同，还要明确对合作伙伴的要求，尤其是各种材料的质量、进度要求、时间、运输方式等，形成风险共担、利益均沾的局面。

再次，要充分利用高层往来，为项目部创造良好的环境。每次中国领导人与尼泊尔领导人互访时，项目部都会积极宣传两国的友好合作关系，与业主、当地政府等部门共同学习两国领导人达成一致的文件的精神及签订的有关合作文件的内容，形成互相支持、互相关注的良好氛围。

孪生浪潮下的监理数字化转型探索

上海三凯工程咨询有限公司

一、孪生建筑驱动监理数字化产品创新

数字孪生（Digital Twin）是一个实体产品的数字化表达，是充分利用数字模型、传感器更新、运行历史等数据，反映相对应的实体产品的全生命周期过程。

孪生建筑汇聚了建筑全生命周期内以"人"为核心的过程数据，涵盖了以"建筑"为核心的实体数据，是整个建筑大数据的重要组成部分，是未来人工智能的基石。智慧化的管理系统是上述以"人"为核心的过程数据的关键载体，在此维度上的创新将能解决监理在生产过程中的诸多难题。BIM+GIS+AIOT生成以"建筑"为核心的实体数据的实时映射，以此为"蓝图"依据将是监理数字化工作、数字化交付的基础。在孪生数字建筑浪潮下，监理数字化产品无疑应当用智慧化管理系统发挥监理价值，解决监理问题，完成监理数字化转型。

以下将从智慧化管理系统的创新、BIM+GIS+AIOT的综合蓝图应用，以及数字化整体交付三方面对监理数字化产品的创新趋势进行说明。

（一）智慧管理系统创新：从适应需求到引领理念

目前，监理行业自身存在的问题主要集中在监理人员素质与培训、项目服务质量与手段、企业内部管控等方面，智慧管理系统是解决上述问题的关键手段之一。结合当前监理信息化现状以及外部信息技术发展趋势，智慧管理系统发展可以概括为如下几个阶段：

阶段一：满足管理需求，监理业务自动化（OA，当前主流）

市场上存在大量基于监理业务流和管理需求开发的监理业务系统，普遍具有如下痛点：

1. 业务纷繁 + 场景多样 = 频繁迭代 & 高昂成本；

2. 标准不一 + 各自为政 = 信息孤岛 & 应用推广困局；

3. 重复工作及低价值工作现象严重。

阶段二：提升管理水平，业务流程自动化（BPM，逐步发展）

为应对自动化OA系统的弊端，BPM（Business Process Management）应运而生，其核心价值在于流程的梳理和优化，即以一套标准的流程管理引擎（自定义表单 + 自定义流程 + 自定义数据统计）对所有的业务逻辑进行梳理及再造，一套代码多端共享，实现复杂场景快速开发，甚至是无代码开发。

阶段三：跨越最后一公里，机器人自动化（RPA）

流程自动化（BPM）解决了大量复杂业务的统一性，降低了管理系统的部署及应用的成本，但信息孤岛仍未打通，人仍然是系统的主要信息录入来源。

RPA是Robotic Process Automation的缩写，是一种自动化软件工具，是迈向人工智能的跳板与过渡。其可以理解为自动化机器人，只要预先设计好使用规则，RPA就可以模拟人工，进行复制、粘贴、点击、输入等行为，协助人类完成大量"规则较为固定、重复性较高、附加值较低"的工作。

阶段四：人工智能自动化（AI）

上述RPA通过增加AI能力，即智能文本识别（OCR）和自然语言识别技术（NLP），实现快速发展。成熟的人工智能还包括机器人、语言识别、图像识别、自然语言处理等。弱人工智能如今不断地迅猛发展，而强人工智能则暂时处于瓶颈，还需要人类的努力，在此不多累述。

（二）蓝图依据创新：从图纸到BIM再到孪生

现阶段监理业务主要发展方向为全过程项目管理以及技术咨询顾问。而监理日常工作可以概括为知道、看到、度量到、记录到以及提醒到。大致分为如下三部分：

1. 文件管理：监理函件指令、监理

报告（日，周，月）、监理评估报告、签证审批、审查文件、监理资料编制、监理资料提交。

2. 现场管理：现场巡视、旁站、实测实量、检查验收、取样见证。

3. 日常管理：组织会议、沟通协调、信息互通与传递。

围绕上述工作，创新的监理数字化产品应当将BIM+GIS+AIOT当作地图一样的基础"蓝图依据"服务，与所有的监理现场管理业务相关联，为所有管理过程数据提供"依据"与"载体"。BIM经过多年的推广，在大型项目上得到了部分普及应用；GIS三维实景由于"智慧城市"的推动，也逐步在工程设计、施工中得到应用；AIOT在5G前夜的大环境下，随着边缘计算的大规模普及，在工程管理中也必将涌现更成熟的应用。

以BIM+GIS+AIOT为基础的"蓝图依据"服务将云上系统与现实世界的边界进一步模糊，是创新监理服务的重要组成部分。

（三）交付形式创新：数字化交付

建筑工程行业正处在深刻的变革之中，多学科融合是当今时代潮流。孪生建筑是一个全面的建筑数字画像（图1），孪生数字建筑由4D空间数据、工程现场过程数据、监测数据以及管理数据等组成，涵盖规划、勘查、设计、施工、监测及运维各个阶段。

监理视角的虚拟数字化交付，一方面丰富现有工程验收资料的数据维度，以更形象的建筑画像交付给业主；另一方面对海量的全过程数据进行聚合、分析及"蒸馏"，发挥监理技术咨询顾问的价值，提供价值数据与全过程管理服务。

二、从人为监管到面向数据管理，监理业务信息化探索

三凯拥有自主开发的监理业务作业系统，已完成三次系统迭代开发，初步实现从自动化（OA）到流程自动化（BPM）的过渡，针对不同工程以及业务场景，提供深入管理流程到自动化管理平台服务。系统具有如下三个特点：

1. 实现从较单一"质量、安全监管"到"质量、安全、进度、投资"全方位全过程管理。

2. 实现从较程式化的技术服务到高价值的专家咨询。

3. 实现从人为监管到面向数据的管理。

下图为公司监理管控平台模块组成及系统架构：

（一）基于BPM的监理业务服务平台

监理作业系统旨在转变目前传统模式，实现从"人为监管至数据管理"的转变，改变了以往单纯现场监理的服务模式，将现场监理及其他工程信息进行有效整合，提供基于"互联网+"风险管理服务，提升服务品质，提高监理的服务能级。

平台实现了项目监理数字化流程（BPM）管理，强化了监理工作数据化的录入和处理，以及规范化、流程化的文档审核和管理。

系统功能设计划分为首页、系统配置、项目事务、工程事务、风险管理等五大核心模块和一个移动端APP，主要应用于现场信息采集与远程协助。

（二）Pano-on工程全景巡视平台

基于全景的项目管理平台能快速采集现场全景照片，复原巡视路径，记录细节。通过分享、批注，增强关键信息互通，促进管理闭环。

在实景捕捉技术方面，传统项目管理方式与全景方式相比参见下表：

传统项目管理	全景
现场数据获取不完全	全景20M高清图片
分析及报表效率低	实时查看，高效自动化导出
多方协调不通畅	协同工作
单张单一维度照片	360° 视角
照片分散保存	云存储/分类+定位
分享手段单一	网页/手机同时查看

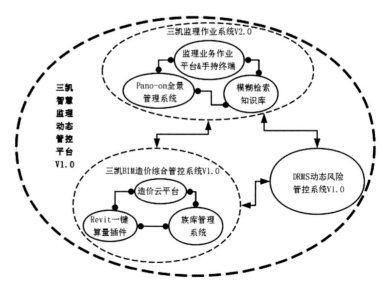

图1 三凯工程咨询系统功能

Pano-on 工程全景巡视平台提供面向一线人员、管理层及业主的多种服务。

1. 面向工程现场人员

1）全景相机无死角记录，还原现场真实情况。

2）电子沙盘快速定位现场位置。

3）整合工程文件，支持图片、PDF、Office软件文件等，支持标注与留言。

2. 面向管理部门人员

1）实时统计现场情况，实时监控全景更新。

2）远程制定巡视路径，做到有重点的管理。

3）标记问题，反馈建议，跟踪落实，实现管理闭环。

3. 面向主管领导

1）全景大屏，统筹查看数据与全景。

2）全景二维码、网址链接分享，实现微信内漫游现场。

3）外接管理平台，提供基础数据支持，满足全方位管理要求。

（三）开放模糊检索知识库与继续教育系统

本知识库解决规范文献堆砌问题，对规范条款及数据进行拆分、检索及关联，为用户提供便捷的即时查询、跨文本查询、模糊查询、知识点关联、智能推荐等功能，并提供在线学习及考试服务。

三凯继续教育"云书"系统目前由一个管理后台和苹果、安卓两个移动APP组成，主要功能包括题库类型和数据管理、试卷自动生成系统、活动与竞赛模块、教学视频展播模块以及推送通知模块，可以让公司拥有自上而下地对员工进行知识、技能教育的能力。同时，系统还涵盖投票问卷模块、学习论坛模块、学习向导地图模块、教学直播模块

和职业技能知识库模块等，并对员工活动痕迹进行数据化跟踪，提供使用统计、成员数据等计量工具，为公司发掘和管理人才提供相关支持。

（四）基于深度学习的地下空间风险管控系统

三凯 DRMS 动态风险管控系统旨在建立一套基于全过程数据的动态风险评估方法。系统依托基础资料的录入，实现基于全过程数据的风险研判与提示。产品定位是实现基于深度学习的风险预警及预测管理；功能模块包括：施工日志、地质风险提示、基坑安全风险提示、监测数据分析、变形预测提示、风险评估报告生成等。

为了建立更好的深度学习模型，对影响基坑侧向变形的各类因素进行研究，公司采用四大类30个特征，结合基坑工程监测资料、工程地质等50个工程项目的近千条数据构建适用于挖掘分析的样本库。

三、探索技术变革下的新型服务

（一）BIM+GIS+ 全景 + 项目管理服务提供监理服务新蓝图

公司采用轻量化引擎，融合大体量BIM模型、三维实景模型以及Pano-on全景图，实现对建筑内、外的4D管控，覆盖到监理巡视所需的颗粒度，同时依托项目管理平台，将上述数据与业务进行整合。其中BIM模型作为设计（As-Designed）模型，为多方协作提供基础平台；三维实景模型作为实际（As-Built）模型，为数据归档及现场交互提供基础平台；全景作为室内实景的补充，提供监理视角的360°影像信息及过程资料。

1. 高精度低成本现场三维实景采集服务

三维实景的高精度模型对于工程进度管理、安全巡检以及关键位置的实时查看都有极大的辅助意义。同时，三维空间数据能辅助项目管理人员对尺寸、面积、体积等关键指标进行快速统计；基于模型等快速浏览器可以辅助工作人员进行快速标注、分享及自动报表生成。点云模型数据可以导入CAD及Revit，实现与DWG图纸及Revit模型等无缝整合，验证设计数据与模型，保障按图施工。

基于GIS的三维实景在工程项目现场有如下应用方向：

1）进度追踪及报告

（1）模型精度高、视角广，现场人员可以快速对工程现场全局进度及细节安全进行管理。

（2）无人机定点定时拍摄，形成记录归档文件，实现施工过程全管控。

（3）通过固定路径，实现前后不同时间段模型的同地点对比，帮助项目管理人员更简单地发现变化，寻找问题。

2）协作蓝图

（1）实现多账户共享基础数据，包括照片、评论、文件等。

（2）实现标注、剖切、计算、分享、评论、流程管理等功能。

（3）移动端、网页端多终端使用。

3）BIM整合

公司结合大量三维实景应用经验，采用高精度RTK无人机方案，高速云计算建模服务器集群，以及轻量化大体量模型展示引擎，已能提供快速、经济、高精度的三维实景交钥匙服务。该服务具有如下技术特点：

（1）精度高：最高精度0.6厘米/像素，经过GCP修正过的局部模型精度

达到厘米级。

（2）时效性强：大部分工程实现当天飞行当日出模型。

（3）成本低：单人现场作业。

2. 基于 BPM 的 BIM+GIS+ 全景 + 项目管理综合管控平台

结合 BIM、三维实景、Pano-on 工程全景以及基于 BPM 项目管理系统的应用经验，针对项目需求，提供整合上述系统的综合解决方案。

1）项目管理系统贯穿整个生命周期

该系统有效管理与调整项目及其相关资源，从项目的建立到中间运转再到最终任务的全面完成，贯穿着项目的整个生命周期。具体涵盖综合管理、项目管理、统计报表、用户管理、权限管理等。解决项目的建设规模大、建设周期长、建设资金来源多、成本控制严格、报批手续繁琐、建设工期紧等一系列问题。

2）提供监理特色的 BIM 服务系统

监理并不作模型数据的维护，但是模型版本的管理、数据的查看与分析、过程资料的更新以及 BIM 竣工资料的归档均在监理及项目管理的服务范围之内。结合大量 BIM 项目监理实践经验，提供监理特色的 BIM 服务平台。

轻量化展示与交互：最大 20G 的 BIM 模型轻量化展示，支持海量构件查询、检索以及漫游。

版本控制与自动归档：根据竣工验收要求进行 BIM 数据版本管理以及归档。

BIM+CAD 联动交互：在线查阅 CAD 图纸，与 BIM 模型同步查看。

（二）拥抱 AIOT，数字化现场管理

三凯云迹 IOT 平台从监理角度出发，面向大区域巡视需求，提供基于人

脸识别、智慧工牌、App 及小程序的人员轨迹分析及可视化管理平台。所有参见项目人员均可在公司可视化动态管控大屏上综合管理。

（三）管控大屏聚合多方数据，实现数据联动与统一调度

作为全过程项目管理以及技术咨询顾问，如何将过程数据及时且准确精练地表达给业主及相关工作人员是重中之重。首先监理自身拥有大量的过程数据以及相关的管理系统，同时监理也需要对大量的外部系统数据进行维护及查看。为业主提供所见即所得的综合数据可视化服务，也是高效工作中必不可少的一环。

四、弱人工智能应用探讨

数字交付并不是生硬的存贮整个过程数据，而是借助工具实现海量信息的加工、精炼、汇总与归档，最终实现项目的数字化交付。以下为公司在数字化交付方面的部分探索工作。

（一）单张全景实现现场可度量

Pano-on 工程全景平台实现了每日大量工程现场全景图像的采集，根据目前最新的三维空间深度学习模型，仅需一张全景图，即可即时分析室内空间三维关系，辅助巡视人员了解现场尺寸。

由于全景分辨率、模型训练等因素，目前生成三维空间精细度还达不到实测实量等要求，但是在可以预见的未来，工程全景图片将会提供更多有价值的数据，服务现场项目管理人员。

（二）自动化旁站及无人巡视

日常巡视及旁站为监理工作的重要一环，现有的弱人工智能技术为全面无

人旁站及巡视提供了部分解决方案。监理信息化产品完善了建筑过程"结构化"数据，全景 Pano-on 平台很好地记录了巡视过程中的"点"，随着视频图像识别技术的进一步深入，以 5G+ 移动摄像头 + 人工智能的无人自动化旁站及巡视将是未来现场管理的发展方向。当前弱人工智能技术已可以解决"全过程记录"的需求，实现"部分识别"。

当前人脸识别已经完全成熟，但是人员行为及空间场景内信息分析还处于发展阶段。成熟的自动化旁站及无人巡视还需要等待大量基础人工智能技术突破。

总结与展望

建筑数字孪生在建筑领域的全生命周期过程的应用，既承载了以"人"为核心的过程管理数据，也是 BIM + GIS + AIOT 的综合应用，囊括了以"建筑"为核心的实体及虚拟数据。

从人为监管到面向数据管理。业务系统 + 全景 +BIM+GIS+IOT（定位、语言与图像）实现监理业务服务的数字化探索，并拓展业务范围至规划设计与运维管理阶段。

前半程大数据，后半程人工智能。前期积累的大量现场图片及过程数据将为成熟的人工智能应用做好铺垫。目前弱人工智能已经在场景重建、行为识别等领域初探端倪，未来成熟的人工智能技术将彻底改变监理的工作形式。

孪生建筑浪潮下，智慧化管理系统 +BIM+GIS+AIOT= 数字化交付，监理行业的数字化转型必将创造全新的数字化监理、交付的新局面。

研究人防机电预埋穿墙管相关技术标准和图集，明确监理咨询要点

北京凯盛建材工程有限公司　**张莹**
北京日日豪工程建设监理有限责任公司　**张新伟**

摘　要：本文通过深度解析研究人防工程有关设计、施工验收规范及相关图集，结合多年来的设计、施工经验。首次提出以建筑专业为导向模型，按墙体应用类型分类，进行机电管线预埋穿墙管设计的学说，统一了给水排水专业、采暖通风专业和电气设备专业的设计理念及施工做法，纠正现有施工图集不妥之处，包括定义错误、相互矛盾，以及违背设计、施工验收规范之处，为今后修订国家标准、施工图集提供相关依据，同时也为监理行业由原有的施工过程监理过渡为全过程、全方位的监理咨询铺垫扎实的技术基础。

关键词　人防工程　机电管线　预埋穿墙管　监理咨询

一、人防建筑工程简介

人防建筑工程根据防护等级可分为防化级别和抗力级别，防化级别与建筑结构设计无关，抗力级别又可分为防核武器级别（核4、核4B、核5、核6）和常规武器级别（常5、常6）。人防工程根据抗力级别的不同，设计相应的结构方式及外围护结构用来承受不同强度的冲击波。核爆炸冲击波是动载荷，既有正压又有负压，所有受冲击波作用的围护结构一般都要设计成双面配筋并加拉结筋。核爆炸后，冲击波沿着通道传播，当遇到门框墙或临空墙后，冲击波的压力会大幅度增加。因此，在外围护结构上不能随意留洞破坏整体强度，否则，冲击波遇孔即入。冲击波一旦进入人防工程的防护单元，立即会使防护单元顶板、外墙、底板遭到破坏。下面以人防建筑功能、建筑结构特征为导向模型，对机电管线预埋穿墙管展开深入研究，明确新形势下的监理咨询工程师在实施人防工程过程中的技术要点及难点。

二、人防工程墙体的分类

为了便于人防工程的墙体机电管线预埋穿墙管的设计、施工和监理咨询，可将墙体分为人防围护结构墙体和人防防护区内有防护密闭要求的墙体，围护结构墙体又可根据战时承受冲击波的方向分为单方向冲击波墙体和双向冲击波墙体，单向冲击波墙体主要包括人防的外围护墙体，其中包括埋入地下的人防外墙、未埋入地下临空墙、通风采光井墙和与非人防区域相分隔的防护密闭门的门框墙、悬板活门框墙；双向冲击波墙体有防护单元隔墙。在人防防护区内还有一种有防护密闭要求的墙体用来分隔染毒区与清洁区，它包括密闭隔墙、扩散室侧墙及密闭门的门框墙。围护结构墙体在战争时要承受爆炸时产生的冲击波作用，根据冲击波的作用强度和作用方向对预埋管产生的墙体强度损坏及孔洞缝隙，进行相应墙体损坏补强加固、孔洞密封措施设计。防护区内密闭墙不直接承受核爆炸动载荷的冲击波，主要是防止生化武器的毒剂进入人防的清洁区，保持严格的密闭隔离作用。因此在预埋管孔洞时重点进行相应孔洞缝隙密封措施的设计。

三、机电管线预埋管设计原则与监理咨询要点

（一）预埋管后墙体结构自身强度

由于机电预埋穿墙管带来的局部墙体强度降低，设计补强方法可根据《人民防空地下室设计规范》GB 50038-2005，在该墙体常规分布筋的基础上，在穿墙管四周，四角斜向45°方向上设计加强筋以及拉结筋，用来提高墙体局部强度。监理咨询过程中，强调设计针对人防工程的特点，针对不同预埋孔的孔径设计相应的钢筋补强节点图纸，做好施工前的图纸会审工作，避免出现短板效应，并将该内容编入监理实施方案中。

（二）预埋管与墙体的连接强度

由于预埋穿墙管与混凝土属于不同类型的建筑材料，热膨胀系数存在较大差异，加之预埋穿墙管径较大，墙体的厚度相对较小，为了防止战时冲击波将预埋管与结构外墙产生脱离，设计时重点考虑采用通过增加预埋管的翼环板的数量，翼环板与墙板钢筋焊接数量，用来加强套管与墙体之间的连接强度。监理咨询过程中，要求设计对穿墙套管选用不同的型号、翼环数量和焊接有针对性的技术说明，在实施平行监督检查工作中，要深刻理解设计含义，重点控制预埋管与结构钢筋处的焊接点数、焊接长度、连接强度及焊接质量，作好隐蔽工程的验收记录，区别人防穿墙套管是在普通穿墙套管定位焊接的基础上，增加了连接强度的要求，注意此处的焊接技术要求与常规穿墙套管本质性的区别。

（三）预埋管与墙体之间密封强度

介质管道在外围护墙体时存在着两个泄漏通道，其一是预埋管与建筑结构墙体之间，其二是介质管道与预埋管之间的密封结构。穿越外普通的刚性防水套管是在预埋穿墙管中部布设了一个防水翼环板，而在人防结构中，不但要有普通预埋管的防水功能，而且还应有防止毒气渗入人防区域及人防染毒区进入清洁区功能。密封性能具有更高的要求，因此在设计时，应在现有普通的刚性或柔性防水的套管的基础上（02S404），增加翼环板的数量，此处单一翼环板作用可以理解为建筑学中"止水板"的作用，多个翼环板结构形式，便形成机械学中的"迷宫式"的密封结构。即使翼环板与墙体产生膨胀缝隙，渗漏水要想进入人防内部，也要依次穿过各个翼环板，每经过一个翼环板渗透水都要经过一次90°的爬坡过程，这一过程急速降低了渗透压力，起到阻水、止水，同样也阻气的作用，使得渗漏水、气无法进入人防内部。而不是像图集（07FS02，P14）上将普通的仅含有中部翼环的刚性防水套管（02S404，P18）原样照搬定义为人防防护密闭套管，作为人防建筑任何有密封要求的墙体显然都是不正确的。监理咨询过程中，预埋管及建筑结构材料之间的膨胀系数不同，两者必然产生膨胀缝隙，要特别注意产生缝隙后的处理措施，正确选择好密封结构形式，在保证强度的同时，也不要忽略控制墙体施工工程的严密性，对于模板支护时的工艺孔洞，严禁采用套管对拉螺栓，必须采用带有止水翼环的模板拉杆，合理选用混凝土中的粗骨料粒径，加强浇筑过程振捣，严禁出现蜂窝、麻面、孔洞及混凝土密实度不够等影响密度性能的质量缺陷。应将普通穿墙套管与人防穿墙套管的设计规范、图集相结合，正确区分理解二者的不同点。

（四）预埋套管与工作介质管道之间的密封结构形式、密封材料的机械强度

泄漏通道之二是设计更为关键的环节，为了保证预埋套管与工作介质管道之间的密封效果，要从密封结构形式、密封材料的性能，密封后整体抵御冲击波的机械强度几方面着手设计，结构形式的重点考虑在介质管道穿越外围护结构时，由于室外介质管线与建筑结构外墙分别坐落在两个独自的地基基础上，二者必然产生相对位移（包括纵向位移和径向位移）和角位移，监理咨询时，优先选用柔性密封结构形式，然而遗憾的是目前现有的人防标准、图集都未包含其形式。当介质管道与穿墙套管处在同一个地基上，彼此之间不存在相对位移时，可采用图集中的刚性密封结构形式进行封堵密封。柔性结构密封材料要求具有较高的弹性变形和塑性指标，是充分利用材料，该指标在保证密封性能的基础上能够克服补偿二者的相对位移。由于柔性材料的固有特性以及密封学中的静密封原理，密封材料与套管内壁、工作介质管外壁之间的密封应力产生的摩擦力难于抵御战时的冲击波作用力，为了避免柔性密封材料脱落和密封结构的损坏，设计时应在柔性密封结构外端部布设钢板覆盖，也就是在承受冲击波作用方向，采用防护挡板附加抗力片的方法，用来抵抗削弱冲击波的作用力，保证密封结构和柔性材料的抗压强度。监理咨询过程中，要求设计正确把控柔性、刚性密封结构的应用场合，在现有图集的基础上要求设计增加的补充内容，重点审查塑性指标在实际应用中的合理分配，既要保证在建筑物合理沉降位移下的变形值，又要保证在

变形状态下密封材料在密封空间内的挤压应力形成良好的密封应力状态。同时在监理实施过程控制中，正确选择防护抗力片与翼环板焊接固定时的焊接方法，避免焊接热损坏密封材料，焊接方式应优先选择点焊方式，焊接过程应采取必要的散热措施。

（五）预埋管的自身机械强度

预埋穿墙套管的自身机械强度也是一个不可忽视的重要环节，在设计选材时，必须使用金属材料，要保证有良好的机械强度，足够抵抗战时冲击波时的作用力，设计时要依据预埋管的公称直径规格，确定预埋穿墙管的壁厚、翼环钢板厚度、翼环的高度，同时翼环板与钢管双面满焊，不得渗漏。图集07FK02，48页中，公称直径从DN150~DN1000的穿墙管壁厚仅为3mm，显然是不妥的。监理咨询过程中，要重点控制穿墙套管的壁厚，其数值可参考07FS02中的防护密闭穿墙管的厚度，翼环与穿墙管的主体之间的焊接质量应执行02S404图集中的相关技术要求，并做好防腐防锈处理。

（六）预埋管两端伸出墙面长度

预埋管两端伸出墙面长度在设计时应依据预埋管的公称直径规格，考虑后期与工作介质管道连接时，使用焊接、螺纹连接、法兰连接等合理操作空间进行确定。监理咨询工程中，应以验收规范、图集作为参考，以保证连接强度作为依据，审查设计是否执行合理长度，在有异议时，应查阅机械工程设计手册中有关紧固件连接、焊接安装作业空间相关安装作业尺寸作为预埋管两端伸出墙面长度的仲裁依据。

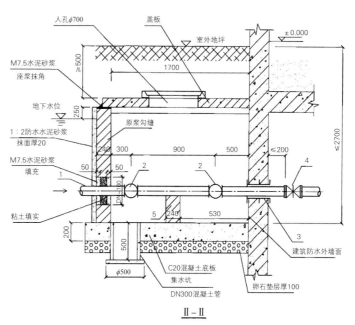

图1　B型引入管穿外墙剖面图

四、按照以上设计原则，结合专业图集分别进行论述，进一步明确监理咨询实施过程中的技术难点

（一）给水排水专业

1. 预埋管穿越人防围护结构单向冲击波墙体（图1，07FS02，P7）

此管为地下埋设管道进入管道井明敷穿入人防临空墙进入人防地下室区域。设计、监理咨询时应考虑如下内容：

1）由于室外介质管道与穿墙体未在同一地基基础上，加之室外介质管道属于长输管道必然产生相对位移，无论是进入左侧普通墙体还是右侧人防外围护结构墙体均应采用柔性防水密封结构。

2）当介质管道穿越左侧普通墙体时，应按照《防水套管》02S404中的普通柔性套管设计（本图集明确标注地下水位高于介质管道，而左侧穿墙处中部采用黏土填实，两边采用M7.5水泥砂浆填充，显然是无法保证在地下水位高于介质管道下的防水密封效果）。

3）当进入人防临空墙时，必须按照人防围护结构防护密闭型穿墙预埋管进行以下内容设计：

（1）由于此处具有临空墙特点，应采用双侧带有防护挡板抗力片的柔性防水密封结构，用来提高预埋套管与工作介质管道之间的柔性材料密封效果、机械强度（图1在穿越人防外围护墙体时未使用柔性防水密封结构，未加加防护挡板抗力片，显然是不正确的）。

（2）采用三道翼环板用来补强套管与墙体的连接强度。

（3）采用三道翼环板用来提高防水、防毒气渗入，提高预埋管与墙体密封效果。

（4）预埋管及介质管道的自身机械强度应满足人防冲击波时的作用力，避免使用强度过低的材质（图1由于未采用柔性穿墙结构，致使密封结构无法抵抗二者之间各种位移带来的形变应力，被迫加装了两个橡胶柔性接头，随之带来了介质管道的整体强度降低）。

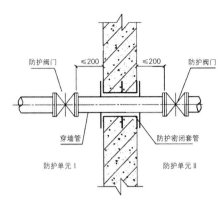

图2　管道穿越两个防护单元隔墙

2. 预埋穿墙管穿越人防围护结构双向冲击波墙体（图2，07FS02，P13）

人防外围护结构承受双向冲击波墙体主要指防护单元隔墙。因为相邻防护单元任何一侧都有被攻破的可能，当相邻防护单元被攻克后，此隔墙将成为另一防护单元的外围护结构，按照最不利设计，此墙

必须在人防围护结构防护密闭型穿墙预埋管设计的基础上，补充设计以下内容：

1）在防护单元隔墙的双向冲击波的方向分别设置防护挡板抗力片，用来提高预埋套管与工作介质管道之间的柔性材料密封效果、机械强度。

2）双侧配置防护阀门，防止任何一侧被攻克后，污染后的介质进入清洁区域，介质管道两端与墙体之间的距离在保证标准规定 ≤ 200mm 的同时，应考虑设计有介质管道两端的法兰片的合理焊接、紧固件连接作业空间尺寸，双侧阀门应采用相同型号并与墙体等距。尽量减少穿墙介质套管附加给穿墙管施加不均匀的载荷（图2 在较大规格管道穿越时，200mm 的焊接空间显然是不正确的）。

3）此处的介质管道与穿墙管虽然未

处在相互独立的基础上，但受到破坏防护单元、介质管道难免会受到摧毁性的振动，为了保证另一个完好的防护单元受到二者相互变形位移状态下，仍处在良好密封状态，设计时应采用柔性密封结构。

3. 预埋管穿越人防防护区内有防护密闭要求的墙体（图3，07FS02，P14）

人防防护区内有防护密闭要求的墙体，其作用是保持人防区域内的染毒区与清洁区之间的密闭隔离，当预埋管穿入此墙体时，必须对人防防护区内有密闭要求穿墙管进行以下内容设计：

1）由于该墙在战时未承受冲击波的作用，受力强度低于围护结构墙体，依据污染物的扩散方向，在穿墙套管扩散方向及中部上设计了两道翼环板用来补强套管与墙体的连接强度，同时二道翼环板用来提高防水、防毒气渗入，提高预埋管与墙体密封效果。

2）在染毒区进入清洁区的墙体的方向，当预埋管的公称直径较大时，应考虑加强工作介质导管与套管之间的密封效果和机械强度与整体墙体的强度，设计时，应在隔墙的两侧分别设置防护挡板抗力片，采用对称压缩用来提高密封材料的压实密度，进一步提高预埋套管与工作介质管道之间的整体密封强度，同时穿墙套管设计为三道翼环，其作用

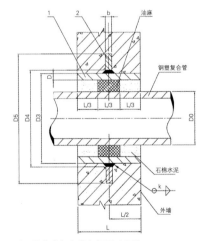

图3　防护密闭套管安装图（A型）

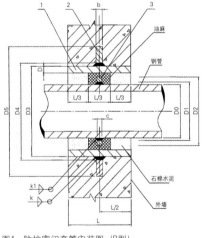

图4　防护密闭套管安装图（B型）

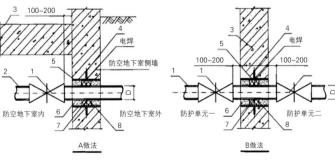

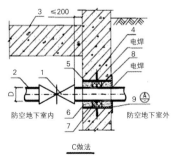

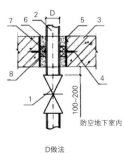

图5

之一是用来焊接固定两端防护挡板抗力片（图4，07FS02，P15，该结构形式显然是不符合人防防护区内有防护密闭要求的墙体，更不符合预埋管穿越人防围护结构防护密闭型墙体）。

（二）水暖、通风专业

1. 水暖专业

水暖专业的预留穿墙管应严格按照上述给水排水专业进行设计，而不能完全照搬使用目前图集实施（图5，07FK02，P49）。

图5完全照搬了普通结构的刚性防水套管的做法，无法满足人防建筑的结构要求，存在以下缺陷：

1）A、B、C、D4种做法的穿墙套管翼环应至少设计3个，一方面用来提高与墙体的密封强度，同时两侧翼环用来采用焊接方式固定防护抗力片，形成整体结构。

2）A、B、C、D做法与防护阀门和墙体之间的间距应根据介质管径、连接方式确定其尺寸，硬性划分难以保证施工现场的正确安装，没有准确地焊接或紧固件连接是无法保证介质管道的整体机械强度的。

3）C做法中，由于端部未设有翼环，造成防护抗力片无法固定安装，只好与介质管道焊接固定，造成介质管道内外防腐层的破坏，后期无法进行修复，

同时室外长输管道必然产生纵向位移。使得防护抗力片施加墙体附加应力或造成与墙体密封不严。

4）A、C做法是室外介质管线穿入人防外围护结构，B做法是承受双向冲击波的墙体，介质管道与穿墙套管之间采用石棉水泥的刚性密封材料严重欠妥，设计时应采用柔性密封结构。

2. 通风专业

通风专业中的风管在穿越围护结构墙体及人防防护区内有密闭要求的墙体必须明数设预留短管，注意此处的预留短管是工作介质短管，而不是预埋套管。由于风管横截面积尺寸较大，设计时，应采用冗余技术原则，无论是否处在双向冲击波墙体，预埋短管均按照本文双向冲击波墙体预埋管进行设计，进一步提高可靠性，目前施工图集（07FK02，P34、48）预留形式见图6：

该图中存在以下缺陷：

1）根据GB50134验收规范中的10.1.6强制性条文"通风密闭穿墙短管两端伸出墙面长度必须大于100mm"，图6中，在预埋穿墙管时将连接法兰与穿墙短管焊接好，防爆超压排气活门与预埋短管采用螺栓连接，其伸出墙体长度为100~150mm，然而图7、图8中单面和双侧接管，没有考虑预留伸出墙面长度是不妥。伸出长度设计时，应满足后续工作

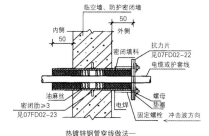

热镀锌钢管穿线做法一
（核4级、核4B级、核5级、常5级）

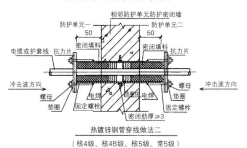

热镀锌钢管穿线做法二
（核4级、核4B级、核5级、常5级）

图9 电气线路明管敷设防护密闭做法

介质管道的焊接及紧固件连接作业空间。

2）由于风管径相对给水排水来讲，截面尺寸较大，该图采用两道翼环板进行强度补强，密封补强，显然设计不妥。

3）关于预埋套管上面的翼环板按照使用功能可分为防水、防毒气功能，同时两侧翼环板也用于连接防护挡板抗力片功能，统称为翼环板，然而此处又出现所谓"密闭肋"取代翼环板，显然术语定义不妥（07FK02统称"密闭肋"；07FS02称为"翼环和固定法兰"；07FD02统称"密闭肋"）。

4）翼环板的厚度、高度设计不合理。在同一围护结构墙体、冲击波受力相同的情况，预埋形式五花八门，极易造成木桶短板效应，通风专业中预留风管，相对截面尺寸较大，而翼环板的厚度为5mm（07FK02，P34），然而给水排水专业中的介质管道截面尺寸相对较小，翼环板厚度为10mm以上（07FS02，P16），在电气专业中，即使大型电缆的穿越管道的翼环板厚度仅仅为3mm（07FD02，P23），显然是不妥的。

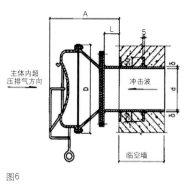

图6

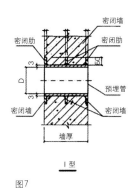

I型

图7

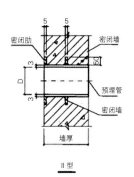

II型

图8

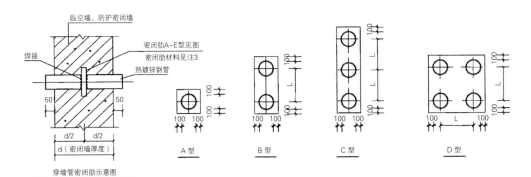

图10 穿墙管密闭肋详图

（三）电气专业

电气管道在穿越围护结构时，根据管道敷设方式可分为明敷设管道和暗敷设管道，根据导管使用性质可分为穿墙套管、介质工作管线。在电气管道预留预埋过程中，应充分结合给排水专业、水暖专业、通风专业的成功经验进行设计。

1. 单根预埋管穿越围护结构中单向、双向冲击波墙体（07FD02，P19）

目前施工图集的做法见图9，该图中存在以下缺陷：

1）电气专业的预埋管线应与给水排水专业、暖通专业的管道穿越围护结构单向冲击波、双向冲击波墙体和防护区内有密闭要求墙体进行分别设计，而电气专业图集中，无论穿越何种类型墙体，仅仅设计一种施工做法，采用一片翼环板用来结构强度补强、密封防水、防毒气泄露，显然是不妥的。

2）翼环板高度设计尺寸，厚度与其他专业不一致，厚度仅为3mm，显然满足不了相关强度补强要求。

3）在穿墙套管上焊接螺栓用于紧固抗力片的结构固定方式欠妥。小规格穿墙管的抗力片上螺栓孔大大削弱了抗力片的机械强度。螺栓孔与螺栓之间的缝隙大大降低了柔性密封材料的密封效果及密封材料机械强度；当穿墙管公称直径为

80mm时，抗力片的外径为130mm，厚度为6mm，同侧使用2片，仍然使用两套直径为M6规格紧固螺栓，显然是无法满足预压柔性密封材料起到固定作用的。

2. 多根明敷设介质工作管穿越单向、双向冲击波墙体（07FD02，P23）

目前施工图集的做法见图10，该图中存在以下缺陷：

1）根据GB50134验收规范中的10.1.9强制性条文"当同一处有多根管线需做穿墙密闭处理时，必须在密闭穿墙短管两端各焊上一块密闭翼环。两块密闭翼环均必须与所在墙体的钢筋焊接牢固，且不得露出墙面。"显然该设计是无法满足本文设计原则和国家标准。

2）穿墙管的两端伸出墙长度，统一规定为50mm，当穿墙管的公称直径为150mm，显然该设计长度是无法满足后期与工作介质管道的焊接、螺纹连接要求。

3）穿越墙体的介质工作管在穿越墙体的两端未有柔性补偿装置，介质工作管纵向产生位移时，应力无处释放，破坏穿墙时的密封结构。

结语

人防机电管线的预埋穿墙管对建筑结构的强度及密封性能起到举足轻重的作用，但目前的国家标准、施工图集还不够完善成熟，设计单位缺乏设计依据，施工单位缺乏相应的图集，监理单位缺乏执法的理论依据，因此期待国家标准及施工图集修订时，建议建筑、机、电三专业统一设计思想，从术语定义（翼环板）、管道敷设方式（明敷设、暗敷设）、墙体性质（单波、双波、密闭）、穿墙管性质（套管、工作短管）分别进行设计、绘制相应的施工图集，通过整体把控和精细的设计，制定出完善的施工方案，建立由新形势下的监理咨询工程师全方位、全过程、全负责的过程质量控制体系，才能使人防整体结构更加安全可靠，实现预期功能，避免战时生命财产遭受伤害。

参考文献

[1] GB 50038-2005 人民防空地下室设计规范 [s]. 北京：中国建筑标准设计研究院，2011.

[2] GB 50134-2004 人民防空工程施工及验收规范 [s]. 北京：中国标准出版社，2004.

[3] 07FS02 防空地下室给排水设施安装 [s]. 北京：中国计划出版社，2007.

[4] 07FK02 防空地下室通风设备安装 [s]. 北京：中国建筑标准设计研究院，2007.

[5] 07FD02 防空地下室电气设备安装 [s]. 北京：中国建筑标准设计研究院，2007.

[6] 02S404 防水套管 [s]. 北京：中国计划出版社，2002.

监理企业未来发展之思考

钱池进

浙江江南工程管理股份有限公司

摘 要：监理行业的发展起源于改革开放的大环境，得益于中国经济的高速发展，是这个大时代裹挟着我们在向前奔跑。然而，比起过去，监理企业遇到的挑战不仅是内外部环境的变化，所有不确定性的变化带给监理企业的是过去几十年熟悉的价值标准和商业逻辑被颠覆和重构。监理企业未来面临的不仅是如何保持盈利的问题，更面临如何继续生存的问题。

关键词 变革 创新 发展

回望过去，受中美贸易争端、产业结构调整与发展转型等多重因素影响，行业竞争加剧，企业商业模式不断颠覆，市场需求倒逼企业变革，工程咨询行业正处在一个动态、复杂、模糊、交融的大变局中。对于监理企业来说，这是焦虑与希望并存的时代。监理企业今天遇到的挑战不仅是内外部环境的恶化，还有过去几十年所熟悉的价值标准与商业逻辑在被颠覆和重构，过去一些经验已经形成路径依赖不再适用企业的发展。因此，监理企业需要回问自己该怎么做？对自己有一个准确的认知，到底什么才是企业可以信赖的选择？

一、监理企业赖以生存的外部经济环境正在发生改变

2019 年是不平凡的一年，对很多行业、人而言，2019 是过去 10 年中最差的一年，但却可能是未来 10 年中最好的一年。尽管很多行业都叫出"冬天来了"的呼喊，但反观中国建筑业及工程咨询行业，却是与总体经济发展错位的一个行业。可以看到，经济越不好，建筑业反而越繁荣，仔细分析原因不难理解，拉动经济发展的三驾马车除了出口、消费、投资之外，其实还有第四驾马车，那就是政府支出。

每逢经济不景气，政府为维持经济的高增长，在出口、消费以及企业投资均乏力的情况下，只能通过政策性的投资拉动与资源投入的增加，强行拉动经济。这从 2008 年全球金融危机，国家出台拯救经济低迷的 4 万亿，2014 年中国经济进入 L 形新常态，随后出现 PPP 投资井喷，无不是如此。

回顾过去，经济危机或者经济的不景气反而会促进建筑业的利好。当前整个国家经济进入下行趋势，受中美贸易冲突的影响，出口又受阻，出于固定资产投资在经济发展中的突出作用，国家在今后的经济政策中，对固定资产的投资不会迅速降温，建筑行业未来依然面对一个空间巨大的市场。但情况不会一成不变，不能再过于乐观。现在由于地方杠杆高企，地方隐形债务面临清理风险，再加上地方政府融资行为发生了很大变化，尤其是 PPP 受到了严管，政府引导基金大幅萎缩，地方融资渠道受限，长期来看，通过加大基础设施建设投入来拉动经济的方式难以为继。

其次，为刺激经济增长，宽松的货币政策和财政政策会进一步推动各类资产价格的上涨，实体企业的日子会越来越难过，企业运营成本持续上升，利润率不断下降。这也直接影响工程咨询企业的运营成本和利润。作为工程监理企业，应当有更为直观的理解。从 1992

年至今，项目取费标准发生了两次大的变化，但方向却相反。一是1992年实行监理取费标准，15年后，2007年才得到了大幅提高，所以2007年之后，监理企业的日子突然变得好过了很多，但实行不到8年，2015年国家发文取消政府指导价，监理收费大幅下滑，并且相当长一段时间内，监理取费价格不可能有提升空间，但监理投入与单位成本却呈逐年线性上升，监理企业受到价格和成本的两头挤压，此消彼长，企业利润率不断下降。另外，房地产的调控、地产周期的下行，导致主要依靠土地拍卖的地方政府，财政压力及债务压力巨大；部分地方政府一旦爆发债务危机，对在建项目建设工期以及付款将会造成巨大影响。

未来整个社会经济将处于一个不断调整，甚至摇摆的不稳定状态，整个建筑行业在二三十年高速增长之后，面临的不仅仅是企业如何保持盈利的问题，更面临如何继续生存的问题。

二、工程咨询行业在剧变

30多年来，从开始的试点到政府的强制性规定，再到经济高速增长时期对建设工程施工管理的全方位介入，工程监理发挥了积极的作用。回顾30多年工程监理发展历程，我们应该看到工程监理行业的发展一定程度上偏离了最初的预想，不仅未与国际惯例接轨，更缺乏贯通上下游产业之间的通用性人才以及建设全过程的技术与管理理论体系。

当前，整个工程咨询行业面临着监管政策、供需关系、资源体系、业态创新等多方面的影响和冲突。在行业政策层面，取消强制监理与淡化企业资质的

呼声从未消失，并且2018年，招标代理资质已经取消，工程咨询资质改为行业资信评价，随着政府"放、管、服"的全面实施，多地监理资质认定下放，并调整甲级监理资质标准注册人员的指标，一定程度上逐步淡化了对企业资质的要求。

在行业监管方面，面临行业规则的改变，多方主管部门的政策博弈。虽然行业监管政策方向是清晰的，但实施与推进路径充满着变数，在有些地方甚至存在着相当程度的冲突，企业过去的运营逻辑被不断颠覆。

在供需关系方面，面临需求结构的改变，一体化、集成化的全过程工程咨询需求成为未来的重要方向。但任何一个行业的建立和发展，都离不开社会的经济、政治和法律环境。经济上的发展所产生的目标需求，是行业新模式建立的必要条件。但仅仅有经济上的需求，没有政治、法律和社会信用体系的保障，所建立起来的行业新模式只可能是一种单一环境中的特制模式，远远不能与世界接轨，或者难以产生社会效率的最大化和最优化。一年多来，通过全过程咨询业务在各地的试点情况来看，监理行业的有识之士依然担心其可能重蹈当初工程监理的覆辙。

在资源体系方面，传统的分工结构被改变，传统的资源体系，尤其人才结构与专业体系，支撑不了未来业务发展要求。在业态创新方面，整个工程咨询产业的融合加剧，生态之间的冲突与融合，新业态的发展与传统业态的平衡，都存在着一系列的压力与冲突。

在建设组织实施方式方面，信息技术、人工智能将颠覆整个行业。当前，世界正处在技术大变革的前夜，人工智

能技术将引领并催生新一轮的产业革命，其影响的深度和广度远较人类历史上任何一次产业革命为甚。中国建筑业可能是各行各业当中信息化程度最低的行业，中国建筑业的下半场肯定是产业互联网，是基于大数据的完整人工智能价值链，并嵌入建设项目的全生命周期内。万物互联将彻底颠覆传统的工程建设实施方式与管理方式。

那么，监理企业该怎么选择未来发展的出路？纵观世界文明史，人类先后经历了农业革命、工业革命、信息革命。每一次产业技术革命，都给人类社会带来巨大而深刻的影响。今天监理企业正处于易变、不确定、复杂、模糊共存的时代，挑战和机会并存，但无论是科技发展的轨迹、人口增长的趋势、城市经济发展的逻辑，还是人们对美好生活向往的不倦追求，人类社会演化的规律一直都没有改变，那就是——变革、创新与发展，依旧是这个世界适者生存的不变法则。

三、监理企业未来发展之思考

（一）监理企业应重新思考与界定企业发展模式

当前，技术更新与迭代加速，各种不确定性给企业带来更多更大风险，企业需要遵循新商业生态的基本逻辑，更要求企业重新界定和思考企业的发展模式，重新界定企业的关键业务方向，重新思考企业的体制与治理机制以及资源整合的转型方向。企业的增长需要具备可持续性，要从单纯追求合同额数字到追求有质量、有效益增长的变化，要保持有利润的增长，有现金流的利润。

过去尽管监理价格不高，但由于行业监管不严，企业运行的腾挪空间相对比较大，只要承接到项目，基本上都能盈利，只是利润水平的高低，所以过去更为关注合同额指标。随着"四库一平台"的不断完善，社会信用体系的建立健全，监理企业业绩、持证，包括挂证人员的管理愈加严格，对标前标后的履约管理也愈加严格，同时监理的责任和范围有加重趋势，工程质量安全、监理报告制度，甚至扬尘治理都越来越细化，企业的运营成本与运营风险都越来越大。再加上企业受到收费降低与成本上升的两头挤压，过去的经营逻辑发生了根本性变化。因此，行业企业的战略重心应从开源和节流两个方面入手，加强企业内部精细化、规范化、标准化管理体系建设，另一方面要聚焦于高端项目、高端客户，以服务品质、综合实力赢得市场，保持利润率。

还有，监理企业在业务体量已具备一定的规模，部分市场占有率达成一定饱和程度时，要继续维持规模扩张，就必须要寻求新的增量市场，立足市场需求变化、资源变化、竞合关系变化，面对既有业务和新业务做到加法与乘法的综合运用。要基于国家基本建设投资与行业发展的特征，重新寻找新领域、新业务、新市场，在其他专业领域，通过并购重组对企业进行横向拓展与整合，挖掘新的增量市场。

（二）监理应加强工程领域全产业链的整合与融合，在存量市场中寻找新的业务增长点

行业转型发展迈入重整分化的加速时期，一方面，行业格局面临重新洗牌，主要原因是需求端不断在改变。现在行业发展面临的困境，不是简单的需求在减少，而是市场需求进一步分层，呈现出了集成化、一体化、垂直化、产业化的特征。但是行业的供给端还是沿袭传统的发展路线，在过去建设分段式管理模式下提供任务式、项目式、阶段性服务。在产业链方面，现在的价值链条已经向项目全寿命周期延伸。未来价值将在价值链间进行漂移，价值的产生将可能不在单个价值链上，企业要面临进一步的价值重构，全产业链的布局很关键。

另一方面，过去，行业与企业更多依赖基础设施投资的增量市场在发展，过去40年这个增量市场不断扩张、扩大，现在已经面临受到规模边际效应的递减影响，尤其未来，随着城市化进程的逐渐提高以及整个经济增长方式的转换，增量市场可能逐步萎缩，如何在存量市场中找寻新的机会，是一个非常重要的命题。

因此，企业需要审视、思考与布局垂直化的能力与业务体系，形成企业技术＋管理＋资本的核心能力。在此背景下，监理企业应当以一体化、集成化服务为核心，对上下游产业链进行整合，突出强化前端的设计能力、造价咨询管理能力和后期的运维能力，在此基础上，形成具有高、精、专特色化服务、综合一体化服务兼具的业务模式与盈利模式，提升企业产品的竞争能力和议价能力，在存量市场中寻找新的业务增长点。

（三）推动企业持续发展的唯一对策是持续变革创新

这是一个加速变革的时代，信息技术日新月异，行业边界不断被打破；市场环境风云变幻，时刻挑战企业抗风险能力；国家政策频出，重构整个社会与行业的生态。这些"变革"不仅是改变，更是正在颠覆固有秩序。为此，企业原有的业务本身会遭遇产业调整的挑战，同时还要面对整个外部环境剧变的挑战。保持发展和领先的唯一对策是持续的变革创新，只有创新，才能为企业插上双翼，迎接变革风暴，逆风飞翔。

现在制约企业变革创新的因素，不是外部推动力不够，而是内部的阻力太大。当前企业在过去形成的一些惯性思维与做法，在以往企业发展过程中都产生了很好的作用。然而现在，曾经的核心竞争力可能会成为组织惯性，成为路径依赖，最终反而导致效率的低下和核心能力的退化，阻碍企业的创新和发展。

所以监理企业首先要勇于变革自身的企业文化，要勇于批判自己、否定自己，打破平衡的内部结构，建成授权体系，设立新的激励制度，让真正做事情的人能够得到肯定。其次，全面推动新一轮体制创新与管理创新，变革企业管理架构、业务组织模式与流程，完善成本与品质管控标准。第三，监理企业应积极推广应用互联网、无人机、BIM、手机巡检等信息技术，创新传统管理手段，从全过程工程咨询的视角，将工程建设相应阶段、相应复杂部位的项目建设相关信息与数据进行整合与处理，集成于一个系统当中，实现集成化、可视化，实现提升项目管控品质与效率的目的。

通过持续的变革与创新，最终打造充满活力、管控有序、高效运转的商业模式和运营体系，为企业高质量发展提供运营保障，最终突破发展瓶颈，实现企业更高质量、更具韧性、更可持续的增长。

（四）监理企业要始终不忘初心，聚焦客户，为客户创造价值

强调客户为先的价值观，监理企业要始终清楚只有为客户创造价值的利他使命，才能持续保持企业员工的那份初衷与理想，企业所有结果都是客户价值衍生的结果。监理企业在变革与转型中要重新思考企业的定位，一切要以为客户创造价值出发，调整现有的态度、观念、做法，思考企业的策略、运营模式、管理和考核机制，并建立匹配的组织能力，

重点做好项目实施策划，通过项目策划先行，了解客户需求，明确工作目标与标准，强化各级责任体系的落实与执行，大力推进面向客户提供一体化、系统的工程咨询解决方案，为客户创造价值。

结语

中国监理行业历经 30 多年的创新发展，如今已经走到了行业发展的十字路口。全过程工程咨询政策的推出为中

国监理企业指明了未来的发展方向，但这条路势必千难万险，荆棘满布，竞争者众多。全过程工程咨询是否是每一个监理企业都能去尝试的发展方向，最终取决于企业自身的能力。

因此，监理企业不仅要着眼于外，更加需要专注于内，树立高度的危机感和紧迫意识，充分发挥自身相对于其他领域竞争的优势，找准未来发展的定位，专注于心，持之以恒，打造企业核心竞争力，最终找到发展空间，走向更加辉煌的明天。

全过程工程咨询理论应用与服务实践研究

王小龙

山西交通建设监理咨询集团有限公司山西振兴公路监理有限公司

一、发达国家和地区工程咨询服务特点

在发达国家和地区工程咨询服务有着专业领域宽、业务范围大的特点。在这些国家和地区，大多数公司都有较高工程技术理论和丰富实践经验的各方面技术专家，可以为各行各业的工程建设进行一定的投资前规划、项目选定以及项目决策咨询服务，帮助那些不确定项目是否合理的业主、投资商、施工单位提供咨询服务。在建筑施工准备阶段，工程咨询服务集团还可以提供工程设计、设计审查、工程资源和设备采购等多方面帮助，最大限度的减少三方的烦恼。在施工过程中工程咨询服务集团还能提供一定的施工监理和施工管理等服务。

在工业发达的国家建筑市场运行机制中，工程咨询服务集团的作用举足轻重，这些专业人士是政府建设主管部门与项目业务及承包商之间的沟通桥梁，政府建设主管部门对建筑市场的管理，一方面靠建筑相关的法律法规，另一方面就是借助这些专业人士。这些专业人士既是建筑相关的法律法规的执行者，也同样是监督者，其不但要在建设相关的活动中对政府和社会负责，还要保证整个工程能够高质量、低成本的完成。

二、国内工程咨询领域的现状

在国内，工程咨询行业属于新兴行业，在最近的20多年里才得到快速发展，虽然已经有了一定的规模和实力，但相比较国外发达国家的同行业还有着很多的不足。首先是中国绝大多数工程咨询单位主要营业的业务都是在国内，极少有工程咨询单位能够走出国门。其次是中国的工程咨询及管理体系及机制还不能完全适应如今形式下的发展需要，工程咨询单位内部的咨询人员的知识结合还有着一定的缺陷，在咨询、理论以及方法方面也同样不完善。最后是中国的工程咨询单位的服务意识和诚信意识还不够到位，没有做到尽心尽力地为客户着想，给客户提供优质的服务也没办法帮客户控制市场风险。

三、全过程工程咨询的优点

（一）节约成本

全过程工程咨询服务有着充足的各个单位的相关资料，可以在工程项目招标的时候采用承包商单次招标的方式来招收承包商建设工程项目，不用在费心费力地去考察承包商的施工资质和信誉水平，再加上全过程工程咨询服务可以覆盖工程建设过程中除了施工之外的所有过程，可以有效地对施工过程中所有步骤进行有效统合，将所有阶段的资金消费都统合到一起，不会出现因为工作交接情况导致的资金消费金额出现问题的情况。全过程工程咨询服务还可以通过优化设计方案，从设计初就限制整个工程的资金费用，精细化施工过程中的管理办法，最后确保业主在节省大量成本的同时，还能够实现建设目标。

（二）缩短施工所需时间，加强施工质量

业主在采用全过程工程咨询服务后，无需再像以前那样进行各种复杂的招标，只要进行一次招标就可以通过工程咨询服务单位找到合适的施工单位，后期的所有事物都可以交给工程咨询服务单位来管理，业主可以大幅度减少日常业务管理所需要的人力物力投入。工程咨询服务单位可以在施工前提供施工方面的设计方案，不用业主再去找人进行方案设计，工程造价方面因为都是咨询服务单位完成的施工方案的设计，所

以工程造价方面基本上也是有预算的，在施工过程中的监督管理方面，工程咨询单位里面都是相关的专业人员，对于工程的质量监督和资源消耗都有预计，出现问题也能够第一时间发现，有效地防止因为监管力度不足而出现的管理疏漏。在保障工程质量的同时，还能避免单位责任矛盾的情况出现，这些都有利于缩短施工时间，加强施工质量。

四、全过程工程咨询服务理论应用

（一）组织模式创新

在国际工程咨询服务市场上，全过程工程咨询服务主要有两种组织模式，两种模式的主要区别体现在工程设计和项目管理是否都交给一个工程咨询服务单位来完成。如果将工程设计和项目管理都交给工程咨询服务单位来完成，那么咨询服务单位就可以与业主签订全过程工程咨询服务合同，将施工的所有阶段的业务都包含在内，业主只要按时签收工程，检查工程质量便可。另一种模式是目前应用比较多的，可以有效地避免将所有施工项目都交由一家单位来完成，无人监管制衡的情况出现。这个模式通常会将施工设计交给一家单位，而项目管理交由另一家来管理，双方工作独立开展，形成一定的协作和制衡。目前中国部分地区都明确规定具有设计资质的单位在承接工程项目管理或者全过程工程咨询服务时，不能再接受同一项目的设计工作。两种组织模式该如何进行取舍，需要针对理论依据进行深入的理解后，结合如今国内的社会环境与建筑行业的发展实际情况，进而选择出一种合适的组织模式。

（二）全过程工程咨询服务要以设计为主导

一般来说，设计和招标采购阶段便决定了整个工程造价的百分之七八十。建筑策划和设计更是全过程工程咨询服务的开端阶段，资源通过策划、可研、扩初等才能系统地表明业主的投资意图。而在设计、造价、监理等咨询过程中，设计人员需要通过与业主的不断沟通，了解业主对于整个工程方面的心理价位或者说业主能在整个工程项目投资多少资金。然后还要估计出业主想要在哪方面多投资，在哪方面少投资，并且和业主说明在哪里能够少花钱，然后根据业主的意愿来完成项目设计和工程造价预算估计，最后再根据业主的心理意愿进行细节性修改。所以说在设计过程中，业主的意愿很大程度上决定了全过程工程咨询服务的情况，只有以"设计"为主导，才能通过项目设计的具体方案了解业主的建设意图，明白业主的心理预期，不至于后期施工后发生不符合业主心理预计的情况。至于其他造价顾问以及监理工作也只能在以设计为前提的条件下进行一定的补充和回答业主的咨询。

（三）重视建筑策划

在中国，项目可研与方案设计之间的一个重要环节——建筑策划往往会被忽视。因为建筑策划这一中间环节的缺失，致使中国的建筑设计师都只能够被动的依据业主所提供的设计任务书来进行设计，这种设计方案往往会因为未能够充分地思考到施工中的各种问题，使后期施工经常会因为各种各样的问题而进行反复的设计变更，增加预算，使建筑工程的施工质量下降不说，还在一定程度上损伤了设计的主导性。所以想要改变这一点，就必须重视建筑策划，其与建筑设计之间有着不可分割的前后联系，

并且还对项目的决策、实施等阶段有着极其重要的影响。想要提升设计师的策划能力，那么在立项和设计之间增加建筑策划这一个中间程序就是无法回避的条件。以此来强化设计的内在质量，树立其设计的主导性，不会被其他因素而左右。

（四）完善项目定义文件

在工程项目当中，项目定义文件一直都是设计的主导核心，前面说过全过程工程咨询服务要以设计为主导条件，所以项目定义文件也就成为全过程工程咨询服务的核心条件。项目定义文件是各个阶段对于业主建设意图的全方位体现，主要可以分为策划、扩初、招标图、施工图等几个设计阶段。想要改变如今工程咨询服务的"碎片化"情况，就必须摒弃以前的既有交付模式，实施全过程工程咨询服务的集成化交付模式。在中国，在最终交付给业主进行招标的项目定义文件应该包括设计文件和招标文件，招标文件应该以建筑规划为基准，在不同的设计阶段进行反复的优化，进而实施以设计为主导，以项目定义文件为前提的新型工程过程咨询服务。

（五）建议重新分配责任主体

在国际全过程工程咨询服务市场，一般将一个建设工程分为咨询方和施工方两部分，也就是说在国际市场上的各类工程咨询服务行业都将除了施工承包以外的各类工程咨询服务划分为工程咨询行业。这种工程咨询服务不同于传统的五方责任主体，而是只有咨询方、业主以及施工方三方责任主体（如下图）。

这种责任主体明确了咨询方和业主之间的关系不是传统的"甲方乙方"，而是业主是咨询方"雇主"，咨询方是业主的"顾问"。这种关系可以应用到如今的

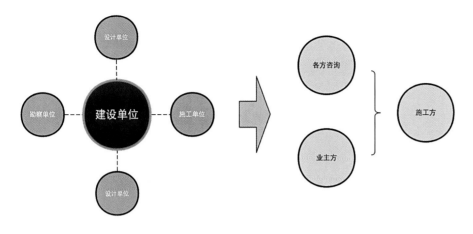

结语

中国的建筑行业虽然看似发展繁荣，但事实上却没有太大的核心竞争力，各种问题都比较突出，而开展全过程工程咨询服务则有利于整合和分配如今的市场资源，促进中国的建筑行业实施转型工作，提高企业的核心竞争力，进而可以使中国的建筑行业走出国门，迈向世界，打造出一个全新的建筑标准，建设出中国的品牌。

大部分工程施工咨询上来，无论是传统的施工总承包，还是新型的DB、EPC等发包模式，业主都可以通过咨询方的帮助，进行专业性的服务，以此来减少因为工程项目"信息不对等"的原因而出现的组织管理障碍问题，提升施工项目各个阶段的组织管理能力。

（六）重视与造价咨询的融合

在工程咨询服务中，造价咨询和招标代理这两种均涉及投资控制和利益分配的问题，也是设计文件及全过程工程咨询服务不可分割的重要组成部分，缺少这两部分，全过程工程咨询将可能会偏离正确的目标。通过研究实践得出，想要推广以设计为主导、建筑策划为先行的全过程工程咨询服务，就要建立出

符合实际条件的新型项目设计文件。这种新型项目设计文件其实就是从设计交付文件内增加招标文件和造价文件，以此来推动项目全过程咨询服务。下表是全过程造价咨询与全过程工程咨询业务内容对比。

在中国，因为工程造价关乎到投资控制的各方面直接利益，所以建议要引导造价咨询企业能够向专业造价顾问方面发展，正所谓"会十事不如精一事"，侧重于发展专业性的造价顾问肯定要比那些贪图"全都要"的企业发展好，而那些贪图"全都要"的企业甚至可能会被如今越来越激烈的市场竞争所淘汰，这无疑是不符合中国对于全过程工程咨询服务改革的初衷。

参考文献

[1] 郑大为 . 全过程工程咨询理论应用与服务实践探析 [J]. 建设管理焦点论坛 .2018，5 (2)：5-10.
[2] 马升军 . 全过程工程咨询的实施策略分析 [J]. 中国工程咨询 .2017 (9)：17-19.
[3] 吴振金 . 浅谈工程咨询企业的实践管理之道 [J]. 中国工程咨询 .2018 (2)：99-100.
[4] 广东省住房和城乡建设厅 . 建设项目全过程工程咨询服务指引 [EB/OL]. 投资人版 . [2020.3.8]. http://zfcxjst.gd.gov.cn/zwzt/qgcgc/zcwj/content/post_1401181.html.
[5] 国务院办公厅 . 国务院办公厅关于促进建筑业持续健康发展的意见 [EB/OL]. [2020.3.8]. http://www.gov.cn/zhengce/content/2017-02/24/content_5170625.htm.
[6] 中华人民共和国住房和城乡建设部 . 住房城乡建设部关于开展全过程工程咨询试点工作的通知 [EB/OL]. [2020.3.8]. http://www.mohurd.gov.cn/wjfb/201705/t20170508_231760.html.

全过程造价咨询与全过程工程咨询业务内容对比

全过程阶段	工程造价咨询企业	工程咨询企业
决策阶段	建设项目建议书及可行性研究投资估算、项目经济评价报告的编制和审核	规划咨询，含行业、专项和区域发展规划编制、咨询；编制项目建议书（含项目投资机会研究、预计可行性研究）；编制项目可行性研究报告、项目申请报告和咨询申请报告
设计阶段	建设项目预算的编制与审核，配合设计方案比选、优化设计、限额设计等工作进行工程造价分析与控制	工程设计；初步设计评估；概算审查
招投标阶段	建设项目合同价款的确定（包括招标工程量清单和标底、投标报价的编制和审核）	招标代理；预算审查
施工阶段	合同价款的签订与调整（包括工程变更、工程洽谈和索赔费用的计算）及工程款支付	工程监理、设备监理
竣工阶段	工程结算及竣工结算报告的编制与审核	项目后评价、决算审查
全过程	工程造价经济纠纷的坚定和仲裁的咨询；提供工程造价信息服务	

《中国建设监理与咨询》征稿启事

《中国建设监理与咨询》是中国建设监理协会与中国建筑工业出版社合作出版的连续出版物，侧重于监理与咨询的理论探讨、政策研究、技术创新、学术研究和经验推介，为广大监理企业和从业者提供信息交流的平台，宣传推广优秀企业和项目。

一、栏目设置：政策法规、行业动态、人物专访、监理论坛、项目管理与咨询、创新与研究、企业文化、人才培养等。

二、投稿邮箱：zgjsjlxh@163.com，投稿时请务必注明联系电话和邮寄地址等内容。

三、投稿须知：

1. 来稿要求原创，主题明确、观点新颖、内容真实、论据可靠；图表规范、数据准确、文字简练通顺，层次清晰、标点符号规范。

2. 作者确保稿件的原创性，不一稿多投、不涉及保密、署名无争议，文责自负。本编辑部有权作内容层次、语言文字和编辑规范方面的删改。如不同意删改，请在投稿时特别说明。请作者自留底稿，恕不退稿。

3. 来稿按以下顺序表述：①题名；②作者（含合作者）姓名、单位；③摘要（300字以内）；④关键词（2~5个）；⑤正文；⑥参考文献。

4. 来稿以4000~6000字为宜，建议提供与文章内容相关的图片（JPG格式）。

5. 来稿经录用刊载后，即免费赠送作者当期《中国建设监理与咨询》一本。

本征稿启事长期有效，欢迎广大监理工作者和研究者积极投稿！

欢迎订阅《中国建设监理与咨询》

《中国建设监理与咨询》面向各级建设主管部门和监理企业的管理者和从业者，面向国内高校相关专业的专家学者和学生，以及其他关心我国监理事业改革和发展的人士。

《中国建设监理与咨询》内容主要包括监理相关法律法规及政策解读；监理企业管理发展经验介绍和人才培养等热点、难点问题研讨；各类工程项目管理经验交流；监理理论研究及前沿技术介绍等。

《中国建设监理与咨询》征订单回执（2020年）

订阅人信息	单位名称					
	详细地址				邮编	
	收件人				联系电话	
出版物信息	全年（6）期	每期（35）元		全年（210）元/套（含邮寄费用）	付款方式	银行汇款

订阅信息		
订阅自2020年1月至2020年12月，_____套（共计6期/年）	付款金额合计￥_____元。	

发票信息
□开具发票（电子发票由此地址 absbook@126.com 发出） 发票抬头：_____ 纳税人识别号：_____ 发票类型：一般增值税发票 接收电子发票邮箱：

付款方式：请汇至"中国建筑书店有限责任公司"

银行汇款 □ 户　名：中国建筑书店有限责任公司 开户行：中国建设银行北京甘家口支行 账　号：1100 1085 6000 5300 6825

备注：为便于我们更好地为您服务，以上资料请您详细填写。汇款时请注明征订《中国建设监理与咨询》并请将征订单回执与汇款底单一并传真或发邮件至中国建设监理协会信息部，传真010-68346832，邮箱 zgjsjlxh@163.com。

联系人：中国建设监理协会　王月、刘基建，电话：010-68346832
　　　　中国建筑工业出版社　焦阳，电话：010-58337250
　　　　中国建筑书店　王建国、赵淑琴，电话：010-68344573（发票咨询）

《中国建设监理与咨询》协办单位

北京市建设监理协会 会长：李伟	中国铁道工程建设协会 副秘书长兼监理委员会主任：麻京生	机械监理 中国建设监理协会机械分会 会长：李明安	京兴国际工程管理有限公司 执行董事兼总经理：陈志平
北京兴电国际工程管理有限公司 董事长兼总经理：张铁明	北京五环国际工程管理有限公司 总经理：汪成	咨询北京有限公司 中国电建 POWERCHINA BEIJING CONSULTING CORPORATION LIMITED 中国水利水电建设工程咨询北京有限公司 总经理：孙晓博	鑫诚建设监理咨询有限公司 董事长：严弟勇　总经理：张国明
北京希达工程管理咨询有限公司 总经理：黄强	中船重工海鑫工程管理（北京）有限公司 总经理：姜艳秋	中咨工程建设监理有限公司 总经理：鲁静	赛瑞斯咨询 北京赛瑞斯国际工程咨询有限公司 总经理：曹雪松
卓越二十年 中建卓越建设管理有限公司 董事长：邬敏	天津市建设监理协会 理事长：郑立鑫	河北省建筑市场发展研究会 会长：蒋满科	山西省建设监理协会 会长：苏锁成
山西省煤炭建设监理有限公司 总经理：苏锁成	山西省建设监理有限公司 名誉董事长：田哲远	山西协诚建设工程项目管理有限公司 董事长：高保庆	山西煤炭建设监理咨询有限公司 执行董事、经理：陈怀耀
CHD 华电和祥 华电和祥工程咨询有限公司 党委书记、执行董事：赵羽斌	DC 太原理工大成工程有限公司 董事长：周晋华	SZICO 山西震益工程建设监理有限公司 董事长：黄官狮	神剑 SHENJIAN 山西神剑建设监理有限公司 董事长：林群
山西省水利水电工程建设监理有限公司 董事长：常民生	正元监理 晋中市正元建设监理有限公司 执行董事兼总经理：李志涌	陕西中建西北工程监理有限责任公司 总经理：张宏利	XJPM 新疆工程建设项目管理有限公司 总经理：解振学　经营部：顾友文
吉林梦溪工程管理有限公司 总经理：张惠兵	中国通信服务 CHINA COMSERVICE 中通服项目管理咨询有限公司 董事长：唐亮	DBCM 大保建设管理有限公司 董事长：张建东　总经理：肖健	上海市建设工程咨询行业协会 会长：夏冰
建科咨询 JKEC 上海建科工程咨询有限公司 总经理：张强	上海振华工程咨询有限公司 Shanghai Zhenhua Engineering Consulting Co., Ltd. 上海振华工程咨询有限公司 总经理：梁耀嘉	BUREAU VERITAS　SPM 上海建设监理咨询 上海市建设工程监理咨询有限公司 董事长兼总经理：龚花强	同济咨询 TJEC 上海同济工程咨询有限公司 董事总经理：杨卫东
武汉星宇建设工程监理有限公司 董事长兼总经理：史铁平	胜利监理 SHENGLI PROJECT MANAGEMENT 山东胜利建设监理股份有限公司 董事长兼总经理：艾万发	GDHM 广东宏茂建设管理有限公司 董事长、法定代表人：郑伟生	江苏建科建设监理有限公司 董事长：陈贵　总经理：吕所章
LCPM 连云港市建设监理有限公司 董事长兼总经理：谢永庆	江苏赛华建设监理有限公司 董事长：王成武	温州市全过程工程咨询与监理协会 会长：夏章义　秘书长：金建成	安徽省建设监理协会 会长：陈磊
合肥工大建设监理有限责任公司 总经理：王章虎	江南管理 浙江江南工程管理股份有限公司 董事长总经理：李建军	华东咨询 HUADONG CONSULTING 浙江华东工程咨询有限公司 董事长：叶锦锋　总经理：吕勇	浙江嘉宇工程管理有限公司 ZHEJIANG JIAYU PROJECT MANAGEMENT CO.,LTD 浙江嘉宇工程管理有限公司 董事长：张建　总经理：卢甬
浙江求是工程咨询监理有限公司 董事长：晏海军	甘肃省建设监理有限责任公司 Gansu Construction Supervision Co.,Ltd. 甘肃省建设监理有限责任公司 董事长：魏和中	FZCSA 福州市建设监理协会 理事长：饶舜	厦门海投建设咨询有限公司 党总支书记、执行董事、法定代表人兼总经理：蔡元发

《中国建设监理与咨询》协办单位

驿涛项目管理有限公司 董事长：叶华阳	业达建设管理有限公司 总经理：倪莉莉	河南省建设监理协会 会长：陈海勤	建基工程咨询有限公司 副董事长：黄春晓
郑州中兴工程监理有限公司 执行董事兼总经理：李振文	新疆昆仑工程咨询管理集团有限公司 总经理：曹志勇	河南清鸿建设咨询有限公司 董事长：贾铁军	陕西华茂建设监理咨询有限公司 总经理：阎平
河南省光大建设管理有限公司 董事长：郭芳州	中元方工程咨询有限公司 董事长：张存钦	方大国际工程咨询股份有限公司 董事长：李宗峰	河南长城铁路工程建设咨询有限公司 董事长：朱泽州
河南兴平工程管理有限公司 董事长兼总经理：洪源	湖北省建设监理协会 会长：刘治栋	武汉华胜工程建设科技有限公司 董事长：汪成庆	湖南省建设监理协会 常务副会长兼秘书长：屠名瑚
华春建设工程项目管理有限责任公司 董事长：王勇	湖南长顺项目管理有限公司 董事长：潘祥明 总经理：黄劲松	广东省建设监理协会 会长：邓强	广州市建设监理行业协会 会长：肖学红
深圳市监理工程师协会 会长：方向辉	广东工程建设监理有限公司 总经理：毕德峰	广州广骏工程监理有限公司 总经理：施永强	西安四方建设监理有限责任公司 总经理：杜鹏宇
重庆市建设监理协会 会长：雷开贵	重庆赛迪工程咨询有限公司 董事长兼总经理：冉鹏	重庆联盛建设项目管理有限公司 总经理：雷开贵	重庆华兴工程咨询有限公司 董事长：胡明健
重庆正信建设监理有限公司 董事长：程辉汉	重庆林鸥监理咨询有限公司 总经理：肖波	林同棪（重庆）国际工程技术有限公司 总经理：祝龙	四川二滩国际工程咨询有限责任公司 董事长：郑家祥
中国华西工程设计建设有限公司 董事长：周华	云南省建设监理协会 会长：杨丽	云南新迪建设咨询监理有限公司 董事长兼总经理：杨丽	云南国开建设监理咨询有限公司 董事长兼总经理：黄平
贵州省建设监理协会 会长：杨国华	贵州建工监理咨询有限公司 总经理：张勤	贵州三维工程建设监理咨询有限公司 董事长：付涛 总经理：王伟星	西安高新建设监理有限责任公司 董事长兼总经理：范中东
西安铁一院工程咨询监理有限责任公司 总经理：杨南辉	西安普迈项目管理有限公司 董事长：李三虎	内蒙古科大工程项目管理有限公司 董事长：乔开元	

国家开发银行湖南省分行

湘雅五医院

长沙国际会展中心

长沙火车南站东广场

长沙大河西交通枢纽

长沙绿地湖湘中心

黄花机场 T2 航站楼

湖南长顺项目管理有限公司

湖南长顺项目管理有限公司（以下缩写为湖南长顺）是国内较早开展工程建设监理业务、项目管理的单位之一。公司自 1993 年开始以中国轻工业长沙工程有限公司监理部的名义从事工程建设监理服务，1997 年为进一步推进监理工作的发展，组建了湖南长顺工程建设监理有限公司；为适应公司经营扩展的需要，2014 年 10 月更名为湖南长顺项目管理有限公司，现为中国轻工业长沙工程有限公司的全资子公司。公司现具有住房和城乡建设部工程监理综合资质、国家人防工程监理甲级资质、公路工程监理甲级资质、招标代理甲级资质。

湖南长顺在工业与民用建筑、市政、交通、机电、民航、水利水电、生态环境等领域取得工程监理、项目管理、工程代建、招标代理、造价咨询、项目总承包等方面较好业绩并获得了较高荣誉，现已是国内监理行业知名品牌企业。

湖南长顺现有各类专业技术人员 932 人，其中教授级高工 18 人、高级工程师 102 人、工程师 668 人；拥有全国注册监理工程师 210 人、湖南省注册监理工程师 498 人、交通部及湖南省交通厅注册监理工程师 58 人、全国注册造价工程师 16 人、全国注册一级建造师 48 人、全国注册一级结构师 5 人、全国注册一级建筑师 2 人、国家人防监理工程师 22 人，全国注册设备监理师 12 人。

湖南长顺现为中国建设监理协会理事单位、湖南省建设监理协会常务理事单位、湖南省建设工程招投标协会常务理事单位。公司成立至今，多次获得全国、湖南省先进工程建设监理单位，以及轻工业优秀监理企业，并在 2008 年被中国建设监理协会评为"中国建设监理创新发展 20 周年工程监理先进企业"。

公司所监理的项目获得国家"鲁班奖" 20 项、湖南省"芙蓉奖" 57 项，以及"全国 AAA 级安全质量标准化示范工地""全国建筑工程装饰奖""国家优质工程银质奖""全国市政金杯示范工程奖"等奖项。

湖南长顺坚持以顾客满意为中心、以环境友好为己任、以安全健康为基点、以品牌形象为先导的价值观，一如既往地为国内外客户提供优质的技术服务和工程产品。公司追求卓越、超越自我、回报社会，致力将湖南长顺打造成国际知名、国内一流的全过程技术服务公司。

地　址：湖南省长沙市雨花区新兴路 268 号
电　话：0731-85770486
邮　编：410114

长沙滨江金融大厦

长沙国际金融中心

湘府路快速化改造

京兴国际工程管理有限公司

京兴国际工程管理有限公司是由中国中元国际工程有限公司（原机械工业部设计研究总院）全资组建，具有独立法人资格的经济实体。公司从事建设工程监理始于1988年，是全国首批取得原建设部工程监理甲级资质的企业，现具有住房和城乡建设部工程监理综合资质、商务部对外承包工程经营资格和进出口贸易经营权，是集工程咨询、工程监理、工程项目管理、工程总承包管理及贸易业务为一体的国有大型工程管理公司，2017年被住建部选定为"开展全过程工程咨询试点"企业；2018年荣获"高新技术企业"称号。

公司的主要业务涉及公共与住宅建筑工程、医疗建筑与生物工程、机场与物流工程、驻外使馆与援外工程、工业与能源工程、市政公用工程、通信工程和农林工程等。先后承接并完成了国家天文台500m口径球面射电望远镜、中国驻美国大使馆新馆、首都博物馆新馆、国家动物疫病防控生物安全实验室等一批国家重大（重点）建设工程以及北京、上海、广州、昆明、南京等国内大型国际机场的工程监理和项目管理任务。有近150项工程分别获得国家鲁班奖、优质工程奖和省部级工程奖。

公司拥有一支懂技术、善管理、实践经验丰富的高素质团队，各专业配套齐全。公司坚持"科学管理、健康安全、预防污染、持续改进"的管理方针，内部管理科学规范，是行业内较早取得质量、环境和职业健康安全"三体系"认证资格的监理企业，并持续保持认证资格。

公司连续多年分别被中国建设监理协会、北京市建设监理协会、中国建设监理协会机械分会评为全国先进工程监理企业、北京市建设监理行业优秀监理企业、全国机械工业先进工程监理企业、北京市建设行业诚信监理企业、安全生产监督管理先进企业、服务质量信得过企业、建设监理行业抗震救灾先进企业、监理课题研究贡献企业等多项荣誉。中央企业团工委授予公司"青年文明号"称号。

公司自主研发了"监理通"和"项目管理大师"专业软件，搭建了网络化项目管理平台，实现了工程项目上各参建方协同办公、信息共享及公文流转和审批等功能。该软件支持电脑客户端和移动APP（手机）客户端。该软件于2016年获得国家版权局颁发的《计算机软件著作权登记证书》。公司信息化管理在行业内有较好的示范和引领作用。

公司注重企业文化建设，以人为本，构建和谐型、敬业型、学习型团队，打造"京兴国际"品牌。

公司秉承"诚信、创新、务实、共赢"的企业精神，持续创新发展，成为行业领先的国际化工程管理公司。

中国科学院国家天文台500m口径球面射电望远镜（项目管理）

北京大兴国际机场生活服务设施工程（工程监理）

中央民族大学新校区一组团、二组团工程（工程监理）

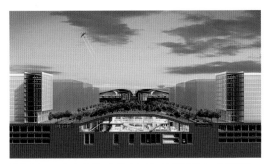

北京大兴国际机场航站区与核心区地下人防工程（工程监理）

青海藏区急救诊疗中心综合楼（EPC总承包）

援老挝玛霍素综合医院（项目管理）

西宁新华联国际旅游城·童梦乐园（工程监理）

居然之家京津冀智慧物流园（工程监理）

中国机械设备工程股份有限公司总部综合楼（工程监理、项目管理）

北京五环国际工程管理有限公司

包头儿童医院

北京五环国际工程管理有限公司（原北京五环建设监理公司）成立于1989年，隶属于中国兵器工业集团中国五洲工程设计集团有限公司。公司是北京市首批五家试点监理单位之一，具有工程监理综合资质、工程招投标代理资质、军工保密资质、人防工程监理甲级资质。目前主要从事房屋建筑工程、机电安装工程、市政公用工程、电力工程、航天航空工程，以及化工项目等项目监理、项目管理、工程咨询、造价咨询、招标代理、项目后评估等全过程咨询服务工作。

公司在发展过程中，较早引入科学的管理理念，成为监理企业中最早开展质量体系认证的单位之一。三十余年来，始终遵守"公平、独立、诚信、科学"的基本执业准则，注重提高管理水平，实现了管理工作规范化、标准化和制度化，形成了对在监项目的有效管理和支持，为委托人提供了优质精准服务。公司建立了信息化管理平台，通过对项目部的考核、专家巡视和办公自动化计算机网络管理平台的使用，能够及时掌握各项目监理部在监理过程中的控制、管理情况，实现了对项目监理部的动态管理，提升了整体管理水平，在建设行业赢得较高的知名度和美誉度，为中国工程建设和监理事业发展作出了应有的贡献。

公司业务领域持续拓展，项目管理和工程咨询所占比重进一步提升，总承包和海外业务也逐步打开市场，持续专注工程监理核心业务的发展，保证资源投入与重点业务相匹配。近期承接了北京市轨道交通19号线一期工程机电设备安装工程、北京市轨道交通八通线信号系统改造工程、1号线等10条线路视频监控系统扩容改造工程、大兴旧宫东站对接安置房项目、前门大江胡同改造项目、白菊保障房项目、首钢园项目、保利滦南物流园项目、奶东村升级改造项目、珠海市环保生物质热电工程二期项目、肇庆市环保能源发电项目工程监理等大中型项目的监理、项目管理工作，质量安全辅助监督项目亦在顺利实施中。

公司积极参与各级协会组织的课题研究、经验交流、宣贯、讲座等各项活动，及时更新理念、借鉴经验，提升五环的知名度和社会影响力。近年来获得了由中国建设监理协会、北京市建设监理协会、北京市建筑业联合会、中国兵器工业建设协会等各级协会评选的"优秀建设工程监理单位""建设行业诚信监理企业"等荣誉称号。

北京五环国际工程管理有限公司面对市场经济发展，以及工程建设组织实施方式改革带来的机遇和挑战，恪守"管理科学、技术先进、服务优良、顾客满意、持续改进"的质量方针，不断提高服务意识，实现自身发展。将以良好的信誉，规范化、标准化、制度化的优质服务，在工程建设咨询领域取得更卓著的成绩，为工程建设事业咨询作出更大的贡献。

保利滦南物流园

大兴旧宫东站对接安置房　　珠海市环保生物质热电工程

乌鲁木齐轨道交通1号线机电安装工程

奶东村升级改造项目

地　址：北京市西城区西便门内大街79号院4号楼
电　话：010-83196583
传　真：010-83196075

广东工程建设监理有限公司

广东工程建设监理有限公司，于1991年10月经广东省人民政府批准成立，是原广东省建设委员会直属的省级工程建设监理公司。经过近三十年的发展，现已成为拥有属于自己产权的写字楼、净资产达数千万元的大型综合性工程管理服务商。

公司具有工程监理综合资质，在工程建设招标代理行业及工程咨询单位行业资信评价中均获得最高等级证书，同时公司还具有造价咨询甲级资质（分立）、人防监理资质，以及广东省建设项目环境监理资格行业评定证书等，已在工程监理、工程招标代理、政府采购、工程咨询、工程造价和项目管理、项目代建等方面为客户提供了大量的优质专业化服务，并可根据客户的需求，提供从项目前期论证到项目实施管理、工程顾问管理和后期评估等紧密相连的全方位、全过程的综合性工程管理服务。

公司现有各类技术人员800多人，技术力量雄厚，专业人才配套齐全，具有全国各类注册执业资格人才300多人，其中注册监理工程师100多人，拥有中国工程监理大师及各类注册执业资格人员等高端人才。

公司管理先进、规范、科学，已通过质量管理体系和环境管理体系、职业健康安全管理体系、信息安全管理体系四位一体的体系认证，采用OA办公自动化系统进行办公和使用工程项目管理软件进行业务管理，拥有先进的检测设备、工器具，能优质高效地完成各项委托服务。

公司把"坚持优质服务、实行全天候监理、保持廉洁自律、牢记社会责任、当好工程质量卫士"作为工作的要求和行动准则，所服务的项目均取得了显著成效，一大批工程被评为鲁班奖、詹天佑土木工程大奖、国家优质工程奖、全国市政金杯示范工程奖、全国建筑工程装饰奖和省、市建设工程优质奖等，深受建设单位和社会各界的好评。

公司有较高的知名度和社会信誉，先后多次被评为全国先进建设监理单位和全国建设系统"精神文明建设先进单位"，荣获"中国建设监理创新发展20年工程监理先进企业"和"全国建设监理行业抗震救灾先进企业"称号。被授予2014-2015年度"国家守合同重信用企业"和连续19年"广东省守合同重信用企业"；多次被评为"全省重点项目工作先进单位"；连续多年被评为"广东省中小企业AAA级企业"和"广东省诚信示范企业"。

公司始终遵循"守法、诚信、公正、科学"的执业准则，坚持"以真诚赢得信赖，以品牌开拓市场，以科学引领发展，以管理创造效益，以优质铸就成功"的经营理念，恪守"质量第一、服务第一、信誉第一"和信守合同的原则，在激烈的市场竞争大潮中，逐步建立起自己的企业文化，公司一如既往，竭诚为客户提供高标准的超值服务。

地址：广州市越秀区白云路111-113号白云大厦16楼
邮编：510100
电话：020-83292763、83292501
传真：020-83292550
网址：http://www.gdpm.com.cn
邮箱：gdpmco@126.com

广州知识城广场

广州金融城

东莞玉兰大剧院

广东奥林匹克体育中心

佛山西站综合交通枢纽工程

背景：广深高速公路

合肥香格里拉大酒店

创新产业园三期一标段项目管理及监理一体化

凤台淮河公路二桥

合肥工业大学建筑技术研发中心
（合肥工大监理公司总部大楼）

合肥京东方 TFT-LCD 项目

合淮阜高速公路

灵璧县凤凰山隧道及接线工程

马鞍山长江公路大桥

![合肥工大建设监理有限责任公司 Hefei University of Technology Construction Supervision Co.,Ltd.]

合肥工大建设监理有限责任公司，成立于1995年，隶属于合肥工业大学，持有住建部工程监理综合资质，交通部公路工程甲级监理资质、特殊独立大桥专项监理资质，水利部水利工程甲级监理资质，以及人防乙级监理资质等。

公司承揽业务包括工程监理服务和项目管理咨询服务两大板块，涉及各类房屋建筑工程、市政公用工程、公路工程、桥梁工程、隧道工程、水利水电工程等行业。曾创造了多个鲁班奖、詹天佑奖、国优、部优、省优等监理奖项，连续多年成为安徽省十强监理企业和安徽省先进监理企业，连续多年进入全国百强监理企业行列，是全国先进监理企业。

公司在坚持走科学发展之路的同时，注重产、学、研相结合战略，建立了学校多学科本科生实习基地；搭建了研究生研究平台；是合肥工业大学"卓越工程师"计划的协作企业，建立了共青团中央青年创业见习基地。多年来，公司主编或参编多项国家及地方标准规范。

公司始终坚持诚信经营，不断创新管理机制，深入贯彻科学发展观，坚持科学监理，努力创一流监理服务，为社会的和谐发展，为监理事业的发展壮大不断作出应有的贡献。

地　址：合肥工业大学校内建筑技术研发中心大楼 12-13F
电　话：0551-62901619（经营）　62901625（办公）
网　址：www.hfutcsc.com.cn

合肥市轨道交通 3 号线

芜湖长江公路大桥

中国银行集团客服中心（合肥）一期工程

合肥燃气集团综合服务办公楼

凝心聚力 赢在嘉宇
浙江嘉宇工程管理有限公司

浙江嘉宇工程管理有限公司，是一家具有工程监理综合资质，以工程监理为主，集项目管理和代建、技术咨询、造价咨询和审计等为一体，专业配套齐全的综合性工程项目管理公司。它源于1996年9月成立的嘉兴市工程建设监理事务所（市建设局直属国有企业），2000年11月经嘉兴市体改委和建设局同意改制成股份制企业，嘉兴市建工监理有限公司，后更名为浙江嘉宇工程管理有限公司。23年来，公司一直秉承"诚信为本、责任为重"的经营宗旨和"信誉第一、优质服务"的从业精神。

经过23年的奋进开拓，公司具备住建部工程监理综合资质（可承担住建部所有专业工程类别建设工程项目的工程监理任务）、文物保护工程监理资质、人防工程监理甲级资质、造价咨询甲级资质、综合类代建资质等，并于2001年率先通过质量管理、环境管理、职业健康安全管理等三体系认证。

优质的人才队伍是优质项目的最好保证，公司坚持以人为本的发展方略，经过23年的发展，公司旗下集聚了一批富有创新精神的专业人才，现拥有建筑、结构、给水排水、强弱电、暖通、机械安装等各类专业高、中级技术人员500余名，其中注册监理工程师100名，注册造价、咨询、一级建造师、安全工程师、设备工程师、防护工程师等90余名，省级监理工程师和人防监理工程师200余名，可为市场与客户提供多层次全方位精准的专业化管理服务。

公司不仅具备管理与监理各项重点工程和复杂工程的技术实力，而且还具备承接建筑技术咨询、造价咨询管理、工程代建、招投标代理、项目管理等多项咨询与管理的综合服务能力，是嘉兴地区唯一一家省级全过程工程咨询试点企业。业务遍布省内外多个地区，23年来，嘉宇管理已受监各类工程千余项，相继获得国家级、省级、市级优质工程奖百余项，由嘉宇公司承监的诸多工程早已成为嘉兴的地标建筑。卓越的工程业绩和口碑获得了省市各级政府和主管部门的认可，2009年以来连续多年被浙江省工商行政管理局认定为"浙江省守合同重信用AAA级企业"；2010年以来连续多年被浙江省工商行政管理局认定为"浙江省信用管理示范企业"；2007年以来被省市级主管部门及行业协会授予"浙江省优秀监理企业""嘉兴市先进监理企业"；并先后被市级主管部门授予"浙江省诚信民营企业""嘉兴市建筑业诚信企业""嘉兴市建筑业标杆企业""嘉兴市最具社会责任感企业"等称号。

嘉宇公司通过推进高新技术和先进的管理制度，不断提高核心竞争力，本着"严格监控、优质服务、公正科学、务实高效"的质量方针和"工程合格率百分之百、合同履行率百分之百、投诉处理率百分之百"的管理目标，围绕成为提供工程项目全过程管理及监理服务的一流服务商，嘉宇公司始终坚持"因您而动"的服务理念，不断完善服务功能，提高客户的满意度。

23年弹指一挥间。23年前，嘉宇公司伴随中国监理制度而生，又随着监理制度逐步成熟而成长壮大，并推动了嘉兴监理行业的发展壮大。而今，站在新起点上，嘉宇公司已经规划好了发展蓝图。一方面"立足嘉兴、放眼全省、走向全国"，不断扩大嘉宇的业务版图；另一方面，不断开发项目管理、技术咨询、招标代理等新业务，在建筑项目管理的产业链上，不断攀向"微笑曲线"的顶端。

工程名称：嘉兴永欣希尔顿逸林酒店工程
工程规模：64634m²

工程名称：云澜湾温泉国际建设工程
工程规模：92069m²

公司地址：嘉兴市会展路207号嘉宇商务楼
联系电话
经管部：（0573）83971111、82060258
办公室：（0573）82097146、83378385
质安部：（0573）83387225、83917759
财务部：（0573）82062658、83917757
传　真：（0573）82063178
邮政编码：314050
网　址：www.jygcgl.cn
邮　箱：zjjygcgl@sina.com

资质证书（综合正本）　　　　人防资质甲级正本

2018年AAA级守合同重信用　2017年浙江省信用管理示范企业　浙江省名牌产品

工程名称：北大附属嘉兴实验学校
工程规模：25000万元

工程名称：嘉兴创意创新软件园一期服务中心工程
工程规模：72950m²

工程名称：嘉兴大树英兰名郡
工程规模：226926m²

工程名称：嘉兴华隆广场
工程规模：118739m²

工程名称：嘉兴世贸酒店
工程规模：64538m²

工程名称：嘉兴市金融广场
工程规模：202000m²

工程名称：嘉兴戴梦得大厦整合改造工程
工程规模：57591m²

工程名称：智慧产业园一期人才公寓
工程规模：63000m²

海投大厦

厦门中心

新一代天气雷达建设项目海沧主阵地

厦门市轨道交通 2 号线二期工程

厦门一中海沧校区工程

背景：滨湖花园

厦门海投建设咨询有限公司

厦门海投建设咨询有限公司成立于 1998 年，是海投集团的全资子公司。公司是省市政府投资项目代建单位，拥有房建、市政监理甲级资质，机电安装、港口与航道、人防监理乙级资质，水利水电丙级资质，招标代理乙级资质。公司成立 22 年来，逐步形成了以工程代建为龙头、工程监理为基础和造价咨询为延伸的三大业务板块。公司实施 ISO9001：2008、ISO14001 和 OHSAS18001 即质量/环境管理/职业健康安全三大管理体系认证，是中国建设监理协会团体会员单位，福建省工程监理与项目管理协会自律委员会成员单位，福建省质量管理协会、厦门市土木建筑学会、厦门市建设工程质量安全管理协会团体会员单位，厦门市建设监理协会副秘书长单位，厦门市建设执业资格教育协会理事单位，福建省工商行政管理局和厦门市市场监督管理局"守合同，重信用"单位、中国建设行业资信 AAA 级单位、福建省和厦门市先进监理企业、福建省监理企业 AAA 诚信等级、厦门市诚信示范企业。先后荣获中国建设报"重安全、重质量"荣誉示范单位，福建省质量管理协会"讲诚信、重质量"单位和"质量管理优秀单位"及"重质量、讲效益""推行先进质量管理优秀企业"福建省质量网品牌推荐单位，厦门市委市政府"支援南平市灾害重建对口帮扶先进集体"，厦门市创建优良工程"优胜单位"，创建安全文明工地"优胜单位"和建设工程质量安全生产文明施工"先进单位"，中小学校舍安全工程监理先进单位"文明监理单位"，南平"灾后重建安全生产先进单位"，厦门市总工会"五星级职工之家"、"五一劳动奖状"单位等荣誉称号。

公司依托海投系统雄厚的企业实力和人才优势，坚持高起点、高标准、高要求的发展方向，积极引进各类中高级工程技术人才和管理人才，拥有一批荣获省、市表彰的优秀总监、专监骨干人才。形成了专业门类齐全的既有专业理论知识，又有丰富实践经验的优秀工程管理人员队伍。公司现有员工 242 人，其中拥有高级工程师 30 人，各类中级人才 120 人，国家注册监理工程师 106 人，国家注册造价师 14 人，人防总监理工程师岗位培训证 54 人，人防监理工程师岗位培训证 45 人，人防监理员岗位培训证 62 人，国家注册一级建造师 33 人，二级建造师 76 人，省监理工程师岗位培训证 134 人，省监理员岗位培训证 98 人，注册安全工程师 3 人。能够胜任市、区重点工程各类项目等级的建设管理工作。

公司坚持"公平、独立、诚信、科学"的执业准则，以立足厦门、拓展福建、服务业主、贡献社会为企业的经营宗旨。本着"优质服务，廉洁规范""严格监督、科学管理、讲求实效、质量第一"的原则竭诚为广大业主服务，公司运用先进的电脑软硬件设施和完备的专业仪器设备，依靠自身的人才优势、技术优势和地缘优势，相继承接了房屋建筑、市政公用、机电安装、港口航道、人防、水利水电等工程的代建和监理业务。公司荣获过全国优秀示范小区称号、詹天佑优秀住宅小区金奖和广厦奖。一大批项目荣获省市闽江杯、鼓浪杯、白鹭杯等优质工程奖，一大批项目被授予省市级文明工地、示范工地称号。

公司推行监理承诺制，严格要求监理人员廉洁自律，认真履行监理合同，并在深化监理、节约投资、缩短工期等方面为业主提供优良的服务，受到了业主和社会各界的普遍好评。

地　址：厦门市海沧区钟林路 8 号海投大厦 15 层
业务联系电话：0592-6881025
电话（传真）：0592—6881021
邮　编：361026
网　址：www.xmhtjl.cn

华春建设工程项目管理有限责任公司

华春建设工程项目管理有限责任公司成立于1992年。历经27年的稳固发展，现拥有全国分支机构百余家，5个国家甲级资质，包括工程招标代理、工程造价咨询、中央投资招标代理、房屋建筑工程监理、市政公用工程监理5个领域；拥有政府采购、机电产品国际招标机构资格、乙级工程咨询、丙级人防监理、陕西省壹级装饰装修招标代理、军工涉密业务咨询服务安全保密条件备案资质，以及陕西省司法厅司法鉴定机构、西安仲裁委员会司法鉴定机构等10多项资质。公司先后通过了ISO9001：2000国际质量管理体系认证、ISO14001：2004环境管理体系认证和OHSAS18001：2007职业健康安全管理体系认证，业务涵盖了建设工程项目管理、造价咨询、招标代理、工程监理、司法鉴定、工程咨询、PPP咨询和全过程工程咨询等8大板块，形成了建设工程全过程专业咨询综合性服务企业。

华春坚持"以奋斗者为本"的人才发展战略，筑巢引凤，梧桐栖凰。先后吸纳和培养了业内诸多的高端才俊，现拥有注册造价工程师126位、招标师54位、高级职称人员52位、一级注册建造师和国家注册监理工程师47位、软件工程师40位、工程造价司法鉴定人员19位、国家注册咨询工程师17位，并组建了由13个专业、1200多名专家组成的评标专家库，使能者汇聚华春，以平台彰显才气。

躬耕西岭，春华秋实，27年的深沉积淀，让华春林桃树李，实至名归。先后成为中招协常务理事单位、中国招投标研究分会常务理事单位、中价协理事单位、中价协海外工程专家顾问单位、中监协会员单位、中招协招标代理机构专业委员会委员单位、省招协副会长单位、省价协常务理事单位、省监协理事单位等；先后荣获全国招标代理行业信用评价AAA级单位、全国工程造价咨询企业信用评价AAA级单位、全国建筑市场与招标投标行业突出贡献奖、2016年全国招标代理诚信先进单位、2016年度全国造价咨询企业百强排名第位列28名、2017年陕西省工程造价咨询行业二十强排名第一名、2016年度监理行业贡献提名奖、2015~2016年度先进监理企业、2014~2015年度全国建筑市场与招标投标行业先进单位、2014招标代理机构诚信创优5A级先进单位、2014年全国招标代理诚信先进单位、2017年度纳税信用A级纳税人以及"守合同重信用"企业、"五位一体"信用建设先进单位等近百项荣誉。

2014年起，华春积极响应国家6部委联合号召，顺应大势，斥资升级，开发建设了华春电子招标投标云平台，率先站在了互联网新业态的发展风口上，迎风而上，展翅飞翔。2016年，华春契合"互联网+""大众创业、万众创新"的发展新趋势，建新开创了华春众创工场、华春众创云平台、BIM众包网等新模式。在多元化发展之下，2017年华春建设咨询集团正式成立，注册资金1亿元，员工逾1500人，旗下9个企业，设有华春建设工程项目管理有限责任公司、华春众创工场企业管理有限公司、华春网络信息有限责任公司、华春电子招投标股份有限公司等若干个专业平台公司，属于建设工程行业大型综合类咨询管理集团公司。华春现拥有25项软件著作权是高新技术企业认定单位，业务辐射全国，涉及建设工程项目管理、全过程工程咨询、BIM咨询、PPP咨询、司法鉴定、电子招标投标平台、互联网信息服务、众创空间、会计审计、税务咨询10大板块，全面实施"华春2025（4.0）"发展战略，全方位打造华春建设工程领域孵化平台，是建设工程领域全产业链综合服务集成供应商。

今天的华春，坚持不忘初心，裹挟着创新与奋斗的精神锲而不舍，继续前行，以"做精品项目，铸百年华春"为伟大愿景，开拓进取、汗洒三秦，以"为中国建设工程贡献全部力量"为使命，全力谱写"专业华春、规范华春、周全华春、美丽华春"新篇章！

◎ 联系我们

公司地址：西安市南二环西段58号成长大厦8楼
电　话：400-640-7045,029-89115858
传　真：029-85251125
网　址：www.huachun.asia

▲
总经理、党总支书记 王莉

▲
企业资质

▲
企业荣誉

西藏飞天国际酒店　　福建非凡研发工程　　榆林市高新区朝阳大桥

陕西省宝鸡市石鼓公园　　普华熙岸三四期工程　　北元化工

西安三环枣园立交　　陕西省医专实验楼　　西安建筑科技大学综合实验楼和土木实验楼

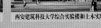
▲
典型案例

华中科大 武汉华胜工程建设科技有限公司
HUST WUHAN HUASHENG ENGINEERING CONSTRUCTION OF SCIENCE AND TECHNOLOGY CO.,LTD

湖溪河综合治理工程（全过程工程咨询）

联想武汉研究基地（项目管理）

中国船舶重工集团第七一九研究所藏龙岛新区公共租赁住房项目（招标代理）

麻城市杜鹃世纪广场建设项目（工程咨询）

华中科技大学先进制造工程大楼
（工程监理）

中国建设银行灾备中心武汉生产基地
（项目管理）

武汉华胜工程建设科技有限公司始创于 2000 年 8 月 28 日，是华中科技大学全资校办、具有独立法人资格的国有综合型建设工程咨询企业。现为中国建设监理协会理事单位、湖北省建设监理协会副会长单位、武汉建设监理与咨询行业协会会长单位。公司具备国家住建部颁发的工程监理综合级资质及工程咨询、招标代理等专项资质。

经过 20 年的跨越式发展，公司在"一体两翼"战略发展框架的引领下，取得了一系列骄人的成绩。以工程监理为主体，以"项目管理＋工程代建、工程招标代理＋工程咨询"为两翼协同发展，在业界树立起了良好口碑，赢得崇高声望。

公司连续 5 次被评为"全国先进工程监理企业"，8 项工程获得"鲁班奖"；4 项工程获得"国家优质工程奖"；2 项工程获得"中国建筑工程装饰奖"；4 项工程获得"中国安装工程优质奖"；1 项工程获得"中国建设工程钢结构金奖"；3 项工程获得"湖北省市政示范工程金奖"。

2016 年，公司组建了 BIM 技术研发团队，组织召开了 BIM 技术应用观摩交流会，正式成立了 BIM 研究中心，志在为业主提供更精准、更科学的现代化信息服务。2019 年，公司正式成立数字化中心，着力打造企业标准化和信息化建设，力求打造规范化、标准化、信息化、数字化的新华胜。华胜人正通过学习型组织的构建，促进全员素质提升，进一步强化全体员工的责任感、危机感、使命感、众志成城、激情昂扬，打造实力华胜、质量华胜、文化华胜、智慧华胜！

当前，华胜人正在努力顺应行业改革发展大势，积极谋求企业转型升级，承担了湖北省首个全过程工程咨询业务——湖溪河综合治理工程。在决胜千里的事业征途上，华胜人志存高远，海纳百川，愿在为业主提供高附值工程监理服务的旅途上，倾力奉献独具华胜品牌价值的全过程工程咨询服务，愿与社会各界一道，以诚相待、合作共赢，拥抱属于您我共荣的美好明天！

武汉光电国家研究中心

地址：武汉市东湖新技术开发区汤逊湖北路 33 号创智大厦 B 区 9 楼
电话：027-87459073
传真：027-87459046
邮编：430200
网址：http://www.huaskj.com

重庆华兴工程咨询有限公司

一、历史沿革

重庆华兴工程咨询有限公司（原重庆华兴工程监理公司）隶属于重庆市江北嘴中央商务区投资集团有限公司，注册资本金 1000 万元，系国有独资企业。前身始建于 1985 年 12 月的重庆江北民用机场工程质量监督站，在顺利完成重庆江北机场建设全过程工程质量监督工作、实现国家验收、机场顺利通航的历史使命后，经市建委批准，于 1991 年 3 月组建为重庆华兴工程监理公司。2012 年 1 月改制更名为重庆华兴工程咨询有限公司，是具有独立法人资格的建设工程监理及全过程工程咨询技术服务性质的经济实体。

二、企业资质

公司于 1995 年 6 月经建设部以 [建] 监资字第（9442）号证书批准为重庆地区首家国家甲级资质监理单位。

资质范围：工程监理综合资质
设备监理甲级资质
工程招标代理机构资质
城市园林绿化监理乙级资质
中央投资项目招标代理机构资质

三、经营范围

工程监理、设备监理、招标代理、项目管理、全过程咨询。

四、体系认证

2018 年 12 月 25 日，中质协质量保证中心正式授予中共重庆华兴工程咨询有限公司支部委员会：中国共产党在国有企业中的"支部委员会建设质量管理体系认证证书"。公司于 2001 年 12 月 24 日首次通过中国船级社质量认证公司认证，取得了 ISO9000 质量体系认证证书。

2007 年 12 月经中质协质量保证中心审核认证，公司通过了三体系整合型认证。

1. 质量管理体系认证证书注册号：00613Q21545R3M
质量管理体系符合标准 GB/T19001-2008/ISO9001：2008。
2. 环境管理体系认证证书注册号：00613E20656R2M
环境管理体系符合标准 GB/T24001-2004 idtISO 14001：2004。
3. 职业健康安全管理体系证书注册号：00613S20783R2M
职业健康安全管理体系符合标准 GB/T 28001-2011。

三体系整合型认证体系适用于建设工程监理、设备监理、招标代理、建筑技术咨询相关的管理活动。

五、管理制度

依据国家关于工程咨询有关法律法规，结合公司工作实际，公司制定、编制了工程咨询内部标准及管理办法。同时还设立了专家委员会，建立完善了《建设工程监理工作规程》《安全监理手册及作业指导书》《工程咨询奖惩制度》《工程咨询人员管理办法》《员工廉洁从业管理规定》等标准和制度文件，确保工程咨询全过程产业链各项工作的顺利开展。

地址：重庆市渝中区临江支路 2 号合景大厦 A 栋 19 楼
电话：023-63729596、63729951
传真：023-63729596、63729951
网站：www.cqhasin.com
邮箱：hxjlgs @ sina.com

红岩村大桥

潼南区中医院

歇马隧道

华岩石板隧道

重庆机场 T3 货运楼

北京现代汽车重庆工厂

两江新区五河流域水环境综合整治工程
（全过程工程咨询）

龙湖中央公园

重庆金融中心

江北嘴金融城 2 号

中通服项目管理咨询有限公司

    中通服项目管理咨询有限公司成立于1995年，是中国通信服务股份有限公司下属的具有独立法人资格的工程项目管理咨询企业，注册资本5000万元。公司目前拥有国家住建部监理行业最高资质综合资质、中国通信协会通信工程甲级监理资质、中国电子企业协会信息系统工程监理甲级资格、国家人防办人防工程监理乙级资质、湖南省国家保密局核发的涉密信息系统集成监理乙级资质、湖南省政府批准的政府投资项目代建资质等。

    公司近五年承监的工程项目投资规模超过千亿，业务区域以湖南为中心辐射到全国27个省市（包括河南、山东、云南、贵州、广东、广西、湖北、江西、上海、江苏、安徽、浙江、陕西、山西、北京、新疆、甘肃等），专业覆盖通信、房建、市政、机电、信息、电力、地铁、人防工程等领域。承监工程合格率100%，工程优良率90%，业主满意度100%。

    公司拥有一支具备扎实专业知识和丰富实践经验的专业员工队伍，拥有国家注册监理工程师、一级建造师、工信部通信监理工程师、造价工程师、咨询工程师、信息系统监理师、安全工程师、招标师、湖南省监理工程师、监理员等专业资质证件的人员占比达90%。

    公司拥有ISO质量管理、职业健康安全管理、环境管理、信息安全管理、信息技术服务等多个管理体系认证证书，连续多年获得湖南省和长沙市工商局颁发的"湖南省守合同重信用""长沙市守合同重信用"单位称号，被中国企业评价协会和湖南省企业信用评价协会评为"AAA"级信用企业。同时，公司是中国通信协会通信工程建设专业委员会常务委员单位、湖南省建设监理协会常务理事单位，多次被湖南省人民政府授予"重点工程先进监理单位"荣誉称号，承监的项目多次获"全国市政工程金杯奖"、"全国安装工程安装之星奖"、"全国优质工程奖"、"湖南省建设工程芙蓉奖"、"广州市建设工程质量五羊杯奖"、"全国建筑业绿色施工示范工程奖"、"湖南省优质工程奖"、"湖南省安全质量标准化示范工程奖"等奖项，历年来被各大运营商授予"年度优秀合作伙伴"和"年度优秀供应商"荣誉称号。

    公司秉承中国通服所倡导的"上善若水"的乙方文化精神，树立"创新、包容、坚韧、信赖、伙伴"的核心价值观，遵循"业主满意，质量第一创精品；追求卓越，持续改进争一流"的质量方针，同步时代高速发展，努力创建以市场为导向、以客户为中心、以共创价值为目标的服务运营模式，竭诚为业主提供专业化、全方位、高质量的工程项目管理咨询服务，是工程项目管理咨询行业里值得信赖的合作伙伴。

组织架构：

公司管理层

综合管理部 | 保密办公室 | 人力资源部 | 市场拓展部 | 党群工作部 | 风险/经营管理部 | 招标代理中心 | 资质管理部 | 集客拓展部 | 党群工作办 | 总工办 | 通信一分公司 | 通信二分公司 | 集客一分公司 | 集客二分公司 | 长沙分公司 | 河南分公司 | 云南分公司 | 广西分公司 | 广东分公司 | 信息化事业部 | 江苏事业部 | 江西事业部 | 湖北事业部 | 上海事业部

西安四方建设监理有限责任公司

西安四方建设监理有限责任公司成立于 1996 年，是中国启源工程设计研究院有限公司（原机械工业部第七设计研究院）的控股公司，隶属于中国节能环保集团公司。公司拥有房屋建筑工程甲级、市政公用工程甲级、电力工程甲级、机电安装工程甲级、化工石油工程乙级、人防工程乙级等多项监理资质，同时具有工程造价甲级、工程咨询甲级、招标代理资质，商务部对外援助成套项目管理企业资格（中国西北地区唯一一家工民建专业对外援助成套项目管理企业），陕西省住房和城乡建设厅批准的陕西省第一批全过程工程咨询试点企业。

公司目前拥有国家各类职业资格注册人员 200 余人、国家注册监理工程师 110 余人，具有中高级专业技术职称人员占比 60% 以上。具备提供项目管理、工程监理、EPC 总承包、造价咨询、招标代理业务、质量与安全风险评估等专业化工程咨询管理能力和全过程工程咨询能力。公司立足古城西安，业务辐射全国及海外二十余个国家。随着时代的发展，公司具有完整的技术研发创新能力，以信息化管理手段为支撑，为客户提供优质高效的工程咨询服务。

公司始终遵循"以人为本、诚信服务、客户满意"的服务宗旨，以"独立、公正、诚信、科学"为监理工作原则，真诚地为业主提供优质服务，为业主创造价值。先后监理及管理工程 1000 余项，涉及住宅、学校、医院、工厂、体育中心、高速公路房建、市政集中供热中心、热网、路桥工程、园林绿化、节能环保项目等多个领域。在 20 多年的工程管理实践中，公司在工程质量、进度、投资控制和安全管理方面积累了丰富的经验，所监理和管理项目连续多年荣获"鲁班奖""国家优质工程奖""中国钢结构金奖""陕西省市政金奖示范工程""陕西省建筑结构示范工程""长安杯""雁塔杯"等奖项 100 余项，在业内拥有良好口碑，赢得了客户、行业、社会的认可，数十年连续获得"中国机械工业先进工程监理企业""陕西省先进工程监理企业""西安市先进工程监理企业"荣誉称号。

公司依托中国节能环保集团公司、中国启源工程设计研究院有限公司的技术优势，充分发挥此类项目管理、工程监理、工程咨询所积累的技术、人才和管理优势，竭诚为项目提供专业、先进、满意的技术服务。

地　址：陕西省西安市经开区凤城十二路 108 号
邮　编：710018
电　话：029-62393839、029-62393830
网　址：www.xasfjl.com
邮　箱：sfjl@cnme.com.cn

国网西咸供电公司生产综合楼项目（获陕西省建筑优质结构奖、陕西省建筑业绿色施工示范工程）

援塞拉利昂外交培训学院项目

西安电子科技大学网络安全创新研究大楼工程

延安新区全民健身运动中心项目

泾河新城新能源产业基地项目

西飞 629# 总装智能装配厂房项目

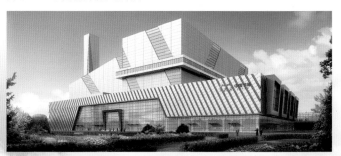

中节能（临沂）环保能源有限公司固体废弃物应急处置项目（获国家优质工程奖）

西安沣东科创智慧园（一期）项目

粤东灌区隧洞盾构施工

佛山地铁环保项目

肇庆新区地下管廊项目

公司党建活动

公司年度表彰

公司工作会议

鲁班奖（河源广电中心）

广东宏茂建设管理有限公司

GDHM

广东宏茂建设管理有限公司成立于2001年，是一家从事工程监理、造价咨询、招标代理及建设项目管理的综合性管理企业。注册资金1500万元，注册地为广州市天河区。

公司目前主要资质：水利部水利工程施工监理甲级；住建部市政公用工程监理甲级、房屋建筑工程监理甲级；机电安装工程监理乙级；人防工程监理丙级；工程造价咨询甲级；政府采购代理及工程招标代理甲级（资信评价AAA级），以及广东省环保产业协会颁发的5个甲级环境监理资格。

一、不断开拓进取，业绩连年增长。公司成立以来，积极开拓进取，业务发展日新月异，已具备相应综合实力。在广东省各个地级市以及贵州、广西、福建、四川、湖南、湖北、云南、海南等省、市设有分公司。公司现有各类专业人才100多名，包括建筑工程类国家注册监理工程师、水利工程类国家注册监理工程师、注册造价工程师、注册一级建造师、注册安全工程师及国家招标师等。

在董事会的领导下，公司不断改善经营和管理质量，着重拓展水利、环保监理市场，以水利、市政、房建三个专业的监理业务为主，以招标代理、造价咨询业务为辅，项目业务力求做专、做强、做精，充分体现出自身独特的企业特色。

近年来，公司承接了多个大型水利施工监理、市政项目监理、地铁环保监理等项目。如肇庆新区丰乐截洪渠综合整治工程监理项目、肇庆新区地下管廊及核心区道路快速化工程监理项目、粤东灌区续建配套与节水改造工程半洋隧洞引水工程、佛山城市轨道交通2号线一期工程环境监理和监测项目、广东技术师范大学河源校区工程监理项目等。

企业经营业绩连年增长。2018年营业收入超过1.4亿元，2019年营业收入约1.8亿元。

二、依法诚信经营，强化内部管理。公司一直坚持树立企业诚信形象，明确企业健康发展的价值取向，强化诚信管理，取得了显著的成绩。2019年5月被广东省企业联合会评选为"2018年度广东省优秀企业"；2019年6月被广东省市场监督管理局授予连续十七年"守合同重信用企业"称号；被广州税务局评为2018年纳税信用A级纳税人。

公司多次被广东省省建设监理协会、广州市建设监理协会评选为监理行业"先进企业"；被广东省环境保护产业协会评为"广东省环境保护产业骨干企业"；被中国建设工程造价管理协会、中国水利工程协会、商务部国资委授予信用"AAA"等级。

三、适应市场经济，领先科技转型。作为一家综合管理型民营企业，公司注重科技转型、致力科技创新。2017年12月公司被认定为"国家高新技术企业"，在监理行业中处于领先行列。公司同时也入库广东省科技型企业，科技创新使企业品牌形象大大提升，使企业在行业市场中保持较强的市场竞争力。

四、提供优质服务，争创工程奖项。公司重视做好有关监理项目质量安全管理，履行监理职责。在工程监理服务中，协调好合作单位之间的各种问题，以高度的责任心和优良的服务态度得到了业主一致的好评，在广州市住建局施工和监理企业诚信综合评价系统中排名靠前。

公司监理的河源广播电视中心一期工程获得国家"鲁班奖"；中国联通通信综合楼项目被评为"2017年度广东省建设工程金匠奖"；北大医疗康复医院肇庆分院、华南国际港航服务中心二期分别被评为2018年、2019年度"广东省工程优质结构奖"；华南国际港航服务中心二期、河源长胜国际商住楼被评为"2018年度广东省房屋市政工程安全生产文明施工示范工地"；汕头市潮南区南山截洪（陇田-成田段）综合整治工程被评为"2018年度广东优质水利工程奖一等奖"；水务项目鳌头镇污水处理厂工程被评为"2019年广东省市政优良样板工程"，等等。

五、积极开展党建，助力企业发展。作为一家非公企业，广东宏茂建设管理有限公司积极构建党建工作平台。为加快向规范化企业迈进的步伐，2017年5月正式成立党支部。公司党支部积极开展"不忘初心，牢记使命"主题教育党建活动，充分发挥党组织的作用，认真参与公司的经营和管理当中，引导企业诚信守法、规范管理，推进企业思想文化，传播正能量，营造良好的人才发展环境，支持助力企业快速发展。受到上级党工委的肯定和表扬。2019年1月公司党支部被中共天河区委组织部评为"天河区星级党支部"。

六、注重企业文化，热心社会公益

公司注重营造企业良好氛围，开展多方位企业文化建设。企业微信公众号"水利与环保"和企业期刊《宏茂简报》，弘扬环保理念、传播建设资讯，将公司的阶段性新闻和发展情况，以图文并茂的文章向社会广泛推介，企业的管理创新、技术创新、党建创新等正能量信息得到积极有效

的宣传，有关行业资讯也得到多方位的推广传播。宏茂企业文化的独特品牌"宏茂监理"贵阳业余足球队，弘扬团结拼搏、勇于进取的企业精神，在省际联赛中屡创佳绩。公司还积极承担社会责任，热心参加公益事业，连年被有关公益机构授予"爱心企业"称号。

在今后发展道路上，公司将不断创新发展，不断提高管理服务水平。以广州为基地，立足广东，面向全国开展业务，为社会各界提供全过程、高水平、深层次的优质服务。

欢迎社会各界携手合作，共享双赢！

邮　　编：311122
联系电话：020-87242959
微 信 号：gdhongmao

浙江华东工程咨询有限公司

浙江华东工程咨询有限公司隶属于中国电建集团，公司成立于1984年，是全国第一批甲级工程监理单位和第一批工程建设总承包试点单位之一，现具有工程监理综合资质、工程咨询甲级资质、招标代理甲级资质、市政公用工程施工总承包一级、政府投资项目代建等资质，是以工程建设监理和工程总承包为主，同时承担工程咨询、项目管理、工程代建、招标代理等业务为一体的经济实体。

公司始终坚持"为客户创造价值、与合作方共同发展"的理念，秉承"做强、做优、做精品工程"的宗旨，弘扬"负责、高效、最好"的企业精神，打造"华东咨询、工程管家"企业品牌，在工程建设领域发挥积极作用。公司的业务范围主要以水利水电工程、新能源工程、市政交通工程、房屋建筑工程、基础设施工程、生态环保工程为框架，形成多行业、多元化发展战略体系。业务区域跨越全国20多个省市以及10多个海外国家。

公司现有员工1200余人，其中持有国家注册各类执业资格近800人次。公司连续多年被评为"全国先进工程监理企业"，先后被授予"中国建设监理创新发展20年工程监理先进企业"、全国工程市场最具有竞争力的"百强监理单位"、中国建筑业工程监理综合实力50强、中国监理行业十大品牌企业、全国工程项目管理优秀品牌、浙江省文明单位。所承担的工程项目先后获得国家级、省部级以上优质工程奖百余项。

三十余载辉煌铸就金色盾牌，百年伟业热血打造卓越品牌。展望未来，浙江华东工程咨询有限公司将持续以注重实效的管理力、追求卓越的文化力、一流工程管家的品牌力，竭诚为各业主单位提供优质服务。

地　　址：浙江省杭州市余杭区高教路201号
邮　　编：311122
联系电话：0571-88833886、13858099279
网　　址：www.zjhdgczx.com

长江三峡水利枢纽

湖北清江水布垭水电站

广西红水河龙滩水电站

云南澜沧江小湾水电站

浙江天荒坪抽水蓄能电站

杭州西溪华东园

武汉泛悦城

绥江县移民迁建工程——绥江新城

中电投滨海北区 H1、H2、H3 海上风电

杭州大江东产业集聚区基础设施 PPP+EPC

雅鲁藏布江藏木水电站工程

南京滨江大道跨秦淮新河大桥工程

杭州五老峰隧道